SHO **P** PING

A TING

R ELAXING

T RAVELING

Y ES!

行走的美味

王宣一◎著

卷軸美味地圖

美食評鑑家　胡天蘭

　　從事美食寫作的人都理解，把飲食當作興趣跟當成工作全然是兩回事，興趣是沒有負擔，輕鬆而快樂的，然而興趣一但變成了工作，責任來了，壓力也來了，尤其你的工作成果，被多數人信任與期待。

　　與宣一真正結緣，嚴格來說該從替商周寫專欄開始，我們倆隔週一人負責一篇，我也是宣一的忠實讀者，特別喜歡她那自然不矯情的筆觸，就像面對面聽著她說話。

　　宣一跟先生愛朋友的熱情，只要熟悉他們賢伉儷行事風格的人都清楚，每年到宣一家的一次餐敘，是商周同仁跟我們這群外稿作者最期盼的事，看他們兩口子一個調理中餐，一個玩著西餐，一群人喧喧嚷嚷，睜大著眼睛、夾筷子的手蠢蠢欲動，深怕少嘗了任何一道好菜！每次率先鑽向廚房的我左顧右盼，尋找最愛的紅燜牛肉在不在所備菜單內，宣一總包容我的無禮，和顏悅色笑咪咪的說：「放心！有有有！絕對少不了妳的最愛。」

　　說那道燜牛肉是我的最愛一點不為過！其實它何嘗不是詹宏志先生的最愛？他曾在酒酣耳熱時洩漏了心底的秘密，早年他跟宣一交往，直到吃了宣一家的這道傳家

菜，整個人如同從昏聵中醒來，感覺一輩子都少不了這一味，因此緣定終身。

或許你會說，燜牛肉誰不會？我姥姥做的燜牛肉也無敵好吃呀！聽起來似是那麼回事，可是宣一的家傳牛肉當然不只爾爾，不論宴請的賓客人數多少，隨牛肉而上的，總有一道長得像橄欖球般的歐姆蛋，宣一要我們把鋪在大米飯上的整坨蛋，從中心定位筆直畫開，只見那蛋包就像雲霧般朝左右兩方擴散，徐徐滑落至米飯邊際。

凡是宣一家吃飯的座上賓，無一不被這歐姆蛋徹底擊倒征服，每個人嘴上不說，心裡其實都嘀咕著，千萬不能讓宣一把我們從她的朋友名單中除名，那可連吃這歐姆蛋的最後一點機會都沒有了！

一個能把簡單食材處理得這麼迷人的人，她對食物的挑選跟推薦本事，當然無庸置疑！從《國宴到家宴》開始，宣一便把自己品鑑諸多美味的心得，半點不藏私的分享給老饕，讀她的文章，就像慢慢嗅嘗牛肉纖維裡散發出的股股濃香，也像滑蛋從舌尖滾向舌根的舒暢體驗。

宣一這次出的書，與其說是餐飲小吃據點介紹，倒不如說它是卷軸美味地圖，或說是饕餮整合記憶卡更合適；跟著她一條街一條街的走下去，所經之處，沿途盡是餐館、小吃店油煙機裡散佈出來的菜香，且闔眼冥想，那是多讓人振奮的氣味啊！

第一章 台北的街弄小店 ——————— 008

Fika Fika Café ————————————— 015
金時良房 ——————————————— 015
小酌之家小吃店 —————————————— 015
慈聖宮廟前小吃 —————————————— 015
濱松屋 ———————————————— 015

台北市北區
口口香小吃店 —————————————— 016
阿薩姆現代流行餐飲 ———————————— 018
芝山園 ———————————————— 020

台北市東區
子元壽司‧割烹 —————————————— 022
Caffe' Mio 我的咖啡 ———————————— 025
塞子小酒館 ——————————————— 028
老上海菜館 ——————————————— 031
東雅小廚 ——————————————— 034
Taj 泰姬印度餐廳 ————————————— 036
翠滿園餐廳 ——————————————— 039
Whiple House ——————————————— 043
泰美泰國原始料理 ————————————— 046
福皇宴港式小館 —————————————— 048
常夜燈 ———————————————— 051
廣東客家小館 —————————————— 054
小江日本料理 —————————————— 057

てつわん鉄之腕和風鐵板料理 ——————— 059
小張龜山島 ————————————— 061
吉林川客小館 ———————————— 063
匠壽司 ——————————————— 066
My 灶 ——————————————— 068

台北市西區
福君飯店御珍軒 ———————————— 071
福州麵店 —————————————— 074
大嗑西式餐館 ———————————— 076
老麵店 ——————————————— 080
艋舺阿龍炒飯／麵專門店 ——————— 083
柳州螺螄粉 ————————————— 086
大理街排骨麵 ———————————— 089
牛店 ———————————————— 091

新北市
兄弟食堂 —————————————— 094
蘆洲鵝媽媽鵝肉小吃店 ——————— 096
五福小館 —————————————— 099
紅辣椒川菜 ————————————— 101
阿生小館 —————————————— 104

第二章 宜蘭基隆嘗海鮮 ——————— 107
姚雞庄 ——————————————— 110
四海居 ——————————————— 110

大溪漁港廟口海產店 ——————— 111

一香飲食店 ————————————— 114

康師傅海鮮 ————————————— 117

周家豆漿店 ————————————— 120

烏龍伯七堵咖哩麵 ——————— 122

第三章　中台灣的美食光影 ——— 124

沁園春 ————————————————— 130

37 豆子甜品 ————————————— 131

K2 小蝸牛廚房 ——————————— 135

老舅的家鄉味 ——————————— 138

Le Moût 樂沐法式餐廳 ————— 141

佳美麵包 ————————————————— 145

第四章　愛吃南台灣 ——————— 148

蜜桃香楊桃冰 ——————————— 153

劉家楊桃冰 ————————————— 153

乙旺魯麵 ————————————————— 153

福泰飯桌 ————————————————— 154

阿國鵝肉 ————————————————— 156

新真珍餐廳 ————————————— 158

第五章　旅途中的隨意小吃 ——— 161

すきやばし次郎（東京）———— 164

Chez l'Ami Louis（巴黎）———— 164

日本食堂（東京）───────────── 165

新橫濱拉麵博物館（橫濱）──────── 168

京和食かもめ（鷗）（京都）─────── 171

道頓堀今井本店（大阪）───────── 174

祇園う（木桶）鰻魚飯（京都）───── 176

白松牛骨湯（首爾）─────────── 178

一樂燒鵝（香港）─────────── 180

生記粥品專家（香港）───────── 182

Katz′s Deli（紐約）────────── 184

Ristorante La Campana（羅馬）──── 188

第六章 東市買鮮魚，西市買和牛 ─ 192

濱江市場 ───────────────── 194

光田製麵 ───────────────── 196

安安海鮮 ───────────────── 198

葉大鵬蔬菜攤 ─────────────── 202

上引水產 ───────────────── 204

花東野土雞 ──────────────── 206

基隆濱海岸海鮮 ───────────── 209

濱江剝骨鵝肉 ─────────────── 212

御鼎屋（信功肉品專賣店）─────── 215

泰勒肉舖 ───────────────── 217

索引 ──────────────── 219

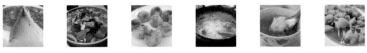

民生
炒飯
專賣中

第一章
台北的街弄小店

金山

2013 十大帽空炒飯排行

1. 台北　　　　飯店
2. 台北
3. 台北 　　　屋
4. 嘉義　　慶昇小館
5. 台中　　西湖蛋炒飯
6. 台北　艋舺阿龍炒飯
7. 高雄　阿成炒飯專賣店
8. 新北　新莊後港一路蛋炒飯
9. 台北　高記蝦仁蛋炒飯
10. 高雄　喬品賣飯店

yam

在台北生活了那麼多年，雖然常常行色匆匆，也許是職業病使然，有時眼角餘光自然就捕捉到了好吃的食物，尤其一些老社區裡總還藏著一些可愛的小吃店。因此，一有時間我喜歡徒步去探訪那些可能的美食地圖。

　　伊通街和松江路一帶，有不少小餐館，每一間的性質差很遠，不像是大稻埕和艋舺地區，大部分老店的同質性很高。我常去的遼寧街夜市，除了海產店小張龜山島之外，附近一檔賣紅粿的小攤是用餐之後吃甜點的首選，那裡的紅粿有古早味，花生和豆沙餡依然是我的最愛。再往前走，鵝肉和賣腰花的攤擔都讓人不想錯過，只是我一直對賣腰花的容器不太滿意，再往前的果汁店也是吃下太多味精之後最佳的解渴冷飲，老闆娘調配果汁的比例拿捏得很好。

　　穿過民生東路，台式的小江日本料理豪邁中帶有風格，再過去的儂來台菜，已是台北名店。往錦州街方向，有很多老舊的小吃熱炒或台式日本料理，稱不上有多美味，但就是典型的街頭小吃店，填飽肚子一點也不會覺得委屈。

　　伊通公園周邊，MY 灶是新開的台菜小館，老味道新做法，慎選食材，少用半成品，老老實實從頭做起，十分可貴。公園邊的 Fika Fika Café 是一喝就讓人愛上的咖啡店，挑高的店面，裝潢雅致舒適，店裡氣氛很好。二〇一三年老闆曾獲得在挪威奧斯陸舉行的北歐盃咖啡烘焙大賽 Espresso 項目冠軍及 Over all 總冠軍。店內賣的咖啡

單品不多，也不一定是老板親自調理，但是師傅技藝頗具水準，是小憩的好地方。

鄰近不遠就是鐵之腕鐵板料理，同一條巷子口還有一間裝潢時尚的甜品店「金時良房」，路過時不大相信這裡只賣紅豆湯和小點，做紡織出身的老闆娘，和姐姐用織品做手工藝，並且將工作室打造成一間甜品專賣店，全部材料都是自家熬煮或是老闆娘特別挑選的天然食材，例如紅豆、湯圓、手工豆花、仙草、芋頭等等，不論是熱食或刨冰，每種材料都煮得濃稠好吃，吃著美味的甜點，望著窗外風景，不禁讓人覺得這裡真是一條萬種風情的台北巷弄啊。若往建國北路方向，高玉壽司是台北數一數二的壽司名店，再過去高架橋下，經營好幾年的匠壽司水準也不差。這些店串成了一張伊通美食地圖，在安靜的下午，華燈初上，找一間慢慢的品嘗，也許就是最享受的台北生活了。

往徐州路濟南路一帶，義大利小館貓下去、大嗑西式餐坊、鍋膳涮涮鍋、東雅小廚、法國小皇后和日本料理常夜燈連成一條線，往南京東路五段處的小義大利餐館 Caffé Mio 我的咖啡，老闆用了大量的本港海鮮，非常有特色。再過去的客家菜金山小館是多年老店。民生社區富錦街一帶，獲得第一名的民生炒飯佇立在街邊，附近街弄則有許多漂亮的咖啡店和小餐館，非常有情調。東區方

向，永遠是小餐館最多的地區。馬友友印度廚房和饗印印度料理在基隆路，老店翠滿園在光復南路和基隆路的三叉路口附近。東豐街上，泰美泰國菜生意興隆，田園台菜也是任何時間都座無虛席，可惜的是日本料理店北海道食堂已經停業。

停業的還有我最喜愛的台式海產店小酌之家，主持的老闆夫婦因為野生海釣魚的數量逐漸減少，也由於成本和身體負荷過重，不得不暫時停業。休息半年後，他們在吉林路上重新開了一間小店，賣簡單的切仔麵和炒飯，也接受九孔燉雞湯的預訂。店舖雖小，賣的東西看似簡單，但工序仍不馬虎，堅持每天熬製煮麵的高湯，選用最新鮮的食材，一步一腳印，他們從不懈怠。

若往永和方向，江浙菜上海小館和三分俗氣維持著一定的品質。搬到文化路街邊的阿生小館，雖是小吃，但頗見功夫。文化路一帶頗多小店小攤，除了大成新村的年糕之外，附近巷子還有老太太做的大成春捲，和上海點心很不一樣，也和北部的潤餅大不相同。

新店一帶，五福小館的老粵菜值得專程前往，楓林小館老店新開，山東餃子館則永遠是家庭聚餐的好地方。搭乘捷運，從新店又到了蘆洲，切

小酌之家小吃店

左／馬札羅咖啡烘焙館　右／小酌之家小吃店

仔麵的發源地充滿著活力，除了大象切仔麵和鵝媽媽鵝肉小吃，蘆洲市場內的好多攤擔，也都令人垂涎欲滴。

中山區有很多老店，像是鰻魚桶三吃的老店濱松屋，選用的是一斤四五條大小的鰻魚，據說這種大小的鰻魚肉質最嫩，魚刺最細，也可以吞食，雖然魚肉不特別肥厚，但烤過之後仍散發出微微的油脂香。店內有一個魚缸，養了些活鰻，如果現點現殺，大約要等候一小時左右。另有一間京都屋的鰻魚飯也精采。

天母地區的口口香和板橋的紅辣椒，都是大陸新移民的好手藝，這些新住民帶來了他們的家鄉味，也讓逐漸在流失中的中國風味餐飲，再度在台灣呈現出來。

在台北市大稻埕與大龍峒，至今仍保留少數的老店舖，例如迪化街永樂市場一帶、慈聖宮媽祖廟前、寧夏路夜市、雙連車站一帶、大橋頭延三夜市、迪化街永樂市場周邊、延平北路二段等等，當然最可惜的就是已流落各處的圓環美食。

至今我仍常常到慈聖宮的廣場和周邊吃小攤，魷魚標、排骨湯和四神湯、葉家肉粥和紅糟肉都是著名攤擔。往涼州街方面，賣麵炎仔永遠是我最喜歡去的小麵店，若

往甘州街方向，則有呷二嘴粉粿和米苔目。寧夏路夜市現在觀光客多，新式的小攤子多起來了，而我當然還是偏愛幾個老攤子。

雙連站附近的市場有一些小農挑著擔子，販售一些有趣的蔬菜。我也喜歡在附近的老店買肉鬆，雖然算不上特別好吃，但是街道中飄出來的香味，總會吸引我走近，看著他們用個勺子從罐子裡挖上一袋，就覺得好幸福。

沿著迪化街往民族西路方向走，延三夜市的許多攤子也是常特別跑去的，阿美古早味和橋頭客家純糖麻糬。穿過民族西路，迪化街二段底，老麵店和福州麵店都是早晨常報到的。據說這一代早期有頗多福州移民，因此現在還保有幾家這些以福州式麵店為主的小麵攤。在兩間麵店之間，有一家佳興粿行，專門做肉粽、肉圓、油粿和油飯的老店，營業超過五十年，不過因為大多以批發給小吃店為主，並不附醬料，如果要買得自己準備。

除了這三家老店，其實在另一個街角也有一攤賣鹹粥、雞捲、豆腐和紅燒（糟）肉的小攤子，味道甚佳，但衛生環境不好，不敢帶朋友前去。

大稻埕和大龍峒一圈繞下來，寶藏無數，有些位置較好的，被觀光客追逐，但有一些地處偏僻街巷，就不知還能不能繼續生存下去。

慈聖宮廟前小吃

Fika Fika Café
地址／台北市伊通街 33 號一樓
電話／(02)2507-0633
營業時間／平日為 08:00 ~ 21:00，週末為 10:00 ~ 21:00

金時良房
地址／台北市中山區松江路 77 巷 6 號一樓（捷運松江南京站四號出口）
電話／(02)2508-1128
營業時間／11:00 ~ 14:00，17:00 ~ 21:30，週日公休

小酌之家小吃店
地址／台北市中山區吉林路 420 號
電話／(02)2511-2089
營業時間／11:00 ~ 21:00，週日公休

慈聖宮廟前小吃
地址／台北市大同區保安街 49 巷 17 號
電話／(02)2498-6458
營業時間／約 09:00 ~ 16:00（每一攤時間不一樣）

濱松屋
地址／台北市中山區林森北路 119 巷 22 號（七條通）
電話／(02)2567-5705
營業時間／11:30 ~ 14:00，17:30 ~ 22:00

口口香小吃店

　　湘菜在七〇、八〇年代的台灣餐飲界頗為當道，當時有台灣名廚彭長貴傳承下來的湘菜系統，不論是喜慶宴會大都以湘菜為基本菜色。但近二十年來卻換了粵菜當道，主要是因為港式粵菜以海鮮為主，高價的魚蝦蟹類和魚翅鮑魚等食材，拉抬了整體價格，因而成為宴客的主流菜系。因此在台灣的宴席或餐廳，不論標榜的是湘菜館、台菜館、江浙館都增加了廣東菜，反而道地的湘菜因為重鹹辣，不符現代健康飲食觀念，慢慢的式微了，即使街邊的小餐館也愈來愈少見到湘菜餐廳。

　　在台北天母區的小巷子裡，有一間湖南姑娘開設的家常小館，兩位姐妹做得一手好菜，用的食材雖不昂貴卻

很道地。基本的湖南臘肉有著濃重的煙燻味，香腸則帶著微辣，湖南名菜臘味合炒，用了有特色的臘味，可說是又香又有風味。除了臘味，湘菜之中基本的泡椒也是每種不同，這裡的招牌剁椒魚頭，用了幾種泡椒和大頭鰱，滋味豐富，但一大份可要好幾個

人吃，至於草魚肚做的剁椒魚塊比較適合少人用餐，味道也很正宗。

　　簡單的涼拌雙牛，用滷牛腱和牛肚拌辣椒和蔥花，入味卻不過鹹，家常做法的豆角炒肉末，下飯送酒都好。人氣最旺的粉蒸排骨，是將肥瘦適中的小排和芋頭一起蒸，吸收了肉汁的芋頭鬆軟好吃。川耳炒雞有些微帶酸，但完全不辣，獅子頭則要預訂才做，紅燒肉燉馬鈴薯完全是媽媽的味道，沒有任何修飾。另外用孜然粉醃過的排骨，炸得夠透，加上爆過的辣椒大蒜，香而不膩，最特別的是涼拌花椰菜，氽燙過的白花椰菜，用少許醋和辣椒及香菜拌勻，脆脆硬硬的口感，和其他的菜很相合。清炒龍鬚菜細嫩爽口，牛肉炒水晶椒、豬肉豆干等等家常小菜，鑊氣夠，又好下飯。

　　這間小店開設至今已有幾年，主廚的大姐以前在湖南開過餐館，來到台灣和妹妹一起經營這間餐廳，雖然是家庭小吃，但是做得認真，因此口碑漸漸傳開來，如今已有不少饕客遠從各地聞香而來。平時有炒飯和合菜，很適合一般街坊鄰居家常小吃，只是多少還是配合台灣人的口味，辣味減半，因此如果嗜辣者，要先說明，才能吃得夠痛快淋漓。

□□香小吃店
地址／台北市北投區振華街 10 號
電話／(02)2827-5872
營業時間／11:30 ～ 14:00，17:30 ～ 20:30，
　　　　　週一公休

阿薩姆現代流行餐飲

　　熱炒是最家常的小館，尤其旅居海外的朋友回來，不想帶他們到大飯店，反而是喜歡到熱炒店弄幾個小菜，叫個金牌台啤，那種鑊氣是國外吃不到的。

　　在台北天母地區，常去一間開業十多年，有著紅茶名字的小館「阿薩姆」，菜色裝潢比一般路邊攤要高檔，但基本上是以社區小館的樣式經營。我喜歡它的原因是營業時間從中午就開始，不像很多熱炒店只賣晚餐和消夜。

　　這裡必點的熱炒是煎豬肝和炒螺肉，豬肝的熟度煎得剛好，調味也恰當，吃起來還有一絲絲豬肝的苦味，因此不會覺得膩。炒螺肉加了大量的九層塔，香氣足，口感不致硬過頭。炒龍珠、薑絲大腸、蒜苗炒鹹豬肉、炒透抽、豆干肉絲……這些快炒的家常菜，用料雖然一般，但處理得乾乾淨淨，每道菜的滋味也都不錯，一不小心一大碗白飯就跟著下肚。我最喜歡它的清蒸紅條魚，店裡有個大冰櫃，放了不少海釣魚，老闆娘說她和專營現流海釣的

魚販固定進貨，雖然不是高檔的種類，但絕對新鮮，多年來頗受客人喜愛。

　　不少客人來到快炒店多少要喝上兩杯，因此一些油炸的古早味也很有人氣，像是台式紅糟肉、紅糟花枝、酥炸豆腐、鹽酥蝦等等，有些老客人還會來份炸五色拼盤，就是老闆娘看當天有什麼就切絲沾粉油炸，例如牛蒡、芋頭、地瓜、透抽、魷魚干等等，炸成個大拼盤，客人也就啤酒一杯接著一杯。下酒好菜當然也少不了口味重的蒼蠅頭或韭菜花中卷，一般小館常見的客家小炒、四季肥腸、丁香花生、宮保皮蛋，都是基本款。

　　像這類社區熱炒店更令人開心的是琳瑯滿目的菜單，不分種類全列在一起，價格也清清楚楚，每盤大多一百多元，肚子餓的時候每一道看起來都好吃。待吃飽喝足，來一小鍋瓜仔雞湯或苦瓜鳳梨雞鍋醒醒酒，熱炒小吃這樣不就太滿足了嗎？

阿薩姆現代流行餐飲
地址／台北市士林區德行西路 87 號
電話／(02)2832-9065
營業時間／11：00 ～ 14：30，17：00 ～ 21：30，
　　　　　週一公休

芝山園

　　在熱鬧時尚的台北天母區，你不能相信，竟然還存在著這樣老調的食堂。巷弄裡長條形的老公寓，擺著七、八個圓桌，大鍋的白飯就擺在一邊，碗筷也要自己拿，店裡沒有菜單，供應的不過是家常式的熱炒，通常每一桌都吃得杯盤狼藉。

　　像這樣的小吃店看起來頗為平凡，只是在餐館林立的台北，這類有點像辦桌風格的食堂，在天母芝山岩附近，吃起來就是有點不一樣。白切雞的肉質半軟爛，有點咬勁但不會太硬。紅糟肉並未如一些店家用紅糟醃過，是很簡單的僅以三層肉加醬油和香料醃製，再裹粉下大油鍋炸約五、六分鐘，吃起來調味很淡雅也不油膩，一桌人可以吃上兩、三盤。酸菜炒套腸則是將小腸先做成套腸，滷

過之後再炒酸菜，因此不會太爛。滷筍片是用雞高湯先煨過，味道鮮美。蚵仔煎則用了烘蛋的做法，不止外表

看起來好像菜脯蛋，吃起來也有點像。至於鮮魚的吃法，通常老客人都到廚房去看看有什麼適合的可以清蒸、紅燒或乾煎，雖然魚種不是很特別，但新鮮而且火候調味都很不錯，活蝦也可以爆炒或白灼，不過如果要吃有殼類的海鮮，可能就要先預定。

　　這間食堂式小店開業已有二十多年，原在巷口馬路邊，後來搬到巷子內。老闆原是做辦桌的師傅，和餐廳同年出生的第二代目前也在餐廳裡幫忙。平時做熱炒小吃，但也維持辦桌傳統，常有很多公司聚餐或喜慶宴會來此開小型趴，辦桌的佛跳牆據說也不含糊，價格可能比高檔餐廳要價少了個零還不止，但也有模有樣。小店生意興隆，如果隨意小吃，建議大家錯開用餐的尖峰時間。因為其實熱炒上菜快，吃起來也快，風捲殘雲半小時或四十分鐘，三、兩下就吃完買單走人，尤其週末，一頓午餐時間，桌子就翻了好幾回呢。

芝山園
地址／台北市士林區至誠路二段 120 巷 1 號
電話／ (02)2836-2210
營業時間／ 11：00 ～ 14：00，17：00 ～ 20：00

子元壽司・割烹

　　位於西華飯店後面的餐飲激戰區內，二〇一一年悄悄開了一間高檔的日本料理店，二層樓高的小店，是由日本料理名店高玉的師傅阿德及同伴們獨立出來的創業之作。阿德曾赴京都名店學習，手藝不凡。這家新開的子元壽司・割烹，菜色種類和高玉不同，品項較多，午間尚推出中等價位的套餐，畢竟要開設如高玉創始店專賣高級壽司，不是容易經營的方向吧。

　　雖然不是頂級價位的壽司店，但生魚片可說是一級品，師傅說品質和高玉屬同等級，畢竟看多吃多了最好的魚生，很難選擇次檔的食材。除了生魚片，其他種類的漁貨，也有不少是由日本直送，每週一、四送達，另外一部分則採用本港產品。當然師傅們的手藝也是一流，不少人師出同門，除功力不在話下，也能在細微的變化中做出自己的風格，熟客也都有指名的師傅服務。

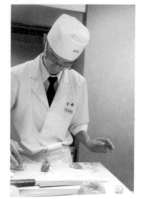

　　多種鯛類刺身薄切，很能吃得出原本的魚味，至於野生的真鯛，質地口感和養殖的品種又完全不

同。鮪魚赤身則捲了些蔥段在內，精緻細巧。竹筴魚細切和細蔥及醬油拌過，清爽鮮甜。比目魚的唇邊，師傅用噴槍稍微炙出油脂，再搭配岩鹽食用。青鮒則是用幾乎看不出的炙燒，引出香氣，干貝就清楚看到炙過的網印，中腹炙過後和細蔥及醬料微漬一下。縞鰺也是漬了一些醬汁，魴鮄、平政、海鱸魚，視季節端出，每一道經過微微的調味，淡雅有韻。狼牙鱔反捲出花紋，在瓷器中頗見姿影。牡丹蝦鮮甜無比，蝦頭另外炸過，給客人下酒。

　　熱食方面，由於主廚擅京料理，因此應用了不少在煮物上面，赤鯨雞肉丸子和野菇燉煮，冬瓜蒸煮，金目鯛煮付（日式紅燒）等等，調味火候都剛好，如果有興趣再來碗烏龍麵，不必加炸蝦就非常好吃。五彩繽紛的帆立貝鮭魚卵九州海膽蘿蔓葉散壽司，視覺或味蕾都令人十分滿足。

　　空間雅致的子元日本料理，門口有個小庭園，樓上有房間可以宴客。酒品種類不算少，清酒選擇不錯，服務接待都屬一級餐廳，價位則在中上，因此不少主廚的老客人追著師傅來此捧場。

子元壽司‧割烹
地址／台北市松山區民生東路三段 113 巷 7 弄 7 號
電話／(02)2713-1233
營業時間／11:00 ～ 14:00，17:30 ～ 22:00，
　　　　　週日公休

Caffe' Mio 我的咖啡

　　門口有幾隻慵懶的肥貓，舒服的睡著午覺，我坐在旁邊的凳子上，貓們似是不爽我這樣盯著，轉個身把屁股對著我。很想抱抱、摸摸牠們，但牠們的空間是被鎖著的，原因是主人不讓牠們被當玩具，捨不得牠們單獨待在家裡，因此就在庭院裡打造了這間小屋，每天上班帶牠們一起出來，下班再帶回家。我看著貓們，心裡想著，會這樣用心對待貓兒的主人，一定也用心經營餐廳。

　　餐廳裡氣氛並不如那幾隻貓兒慵懶，熱鬧得很，服務生帶著親切的笑容俐落地為客人服務。我驚訝菜單上竟然有空運來的生蠔，我要了兩顆，隨餐附上的還有佐生蠔的白酒。然後我點了生鮪魚沙拉、招牌鴨胸、野菇麵等

等一堆，菜色和麵點有一些台味，不是全然的義大利餐廳，但是非常美味。我和同伴開心地吃著，中午時分，這樣吃法顯然是有點超過，但我們還不放棄甜點，美味的南瓜派和巧克力蛋糕，都吃到盤空碗空。最後主廚阿國走了出來，這回我們像是庭院裡的貓，他說想來看看我們是何許人也。

後來就常帶朋友來，青醬燻雞麵、綠絨蛤蜊麵、南瓜蔬菜麵、烤鯖魚、海鮮沙拉、酥炸海鮮、乾煎時令魚搭配燉飯，有些餐點並不很義大利，像是照燒章魚麵，台式和風混搭，頗受年輕人顧客的歡迎。主廚說，他希望能多增加一些

在地的食材，在台灣這個海島上，希望能多取材本港海鮮。小店做海鮮，備料是大問題，可是他很希望能承襲也做廚師的父親對本地食材的熱情，常常到南方澳漁港去選魚蝦，也在燉飯裡面用了有機的鴨蛋，用意雖好，只是鴨蛋太大，因而使得米飯口感稍嫌濕滑，較不易提出特選香米的氣味，阿國說他也一直在想辦法改進，尋求其中的平

衡點。做了多年的廚師，他仍不懈怠地每天研究食材的搭配和設計新菜單。幾乎每隔一陣子就推出新的作品，讓客人吃不膩。

　　餐廳下午不休息，下午茶的磚餅是一大熱門，厚厚的鬆餅，有不同口味，烤到咖啡色的表皮，酥脆甜香，再配上自製的鮮奶油或冰淇淋，真是大滿足。如果有興趣試試章魚照燒鬆餅，帶點照燒醬的甜鹹口味，十分特別，而秋季限定的粟子鬆餅更是出色，手打的粟子醬又細緻又滑潤，配上一杯咖啡，無疑是太幸福的享受。

Caffe' Mio 我的咖啡
地址／台北市松山區八德路四段 245 巷 52 弄 29 號一樓（中崙高中旁）
電話／(02)2765-3723
營業時間／週二到週六 11：30 ～ 21：00，週日 11：30 ～ 17：00，週一公休

塞子小酒館

　　店裡開放式的吧台後面站了四位穿廚師服的師傅，小店的座位並不多，這樣的組合看來就是一間很誠懇的餐館。一問之下才知道，老闆就來自從前新店小法國餐館鬥牛犬，而鬥牛犬目前已改為甜點烹飪教室。

　　酥脆好吃的炸薯條和西班牙蒜味蝦爆炒出的香氣，味道和之前鬥牛犬時代仍然一樣。松露風味烤蛋、里昂炒牛肚、野菇鑲肉，還有法國吉拉多生蠔，都是前菜，前菜當然也依季節不同而有不同的菜色，大約每一、兩個月換一次菜單，但吃前菜最好佐一點餐酒，才能增添風味。

　　中午的套餐用較簡單平價的方式，海鮮、肉類和燉飯或麵類。雖然因價位的關係，食材比較平凡，但都費了力氣去處理，像是鯛魚捲、雞腿和腰子派，不過我更喜歡的是單點的芥末腰子，腰子和腰子派不一樣，芥末腰子就是蘑菇炒腰花，雖然很像是中菜的爆炒，但調味用了法式的醬料，尤其芥末的滋味很濃郁，和腰子頗相合。

　　普羅旺斯燉蔬菜，將番茄、櫛瓜、洋蔥和香料的滋味都燉到融入了蔬菜裡，很有鄉村的味道。勃根地紅酒燴雞或羊肚菌風味燴雞，不論是菌菇的香氣或酒香，都能收汁收到雞肉裡，頗有點功夫。低溫羊肩排佐北非米（麵）、時蔬與羊肉汁，味道極為鮮美。酥炸田雞，雖然在主菜列，其實是下酒好菜。洋蔥湯加了很多蔬菜和乳酪，一碗喝下去就足夠一餐的份量，燉飯用義大利野米，高湯的滋味都融入其中，還保留了米芯，頗有風味。

　　塞子名為小酒館，所以酒單也不錯，如果三五好友下班後想小酌配點下酒菜，但又不想要那麼正式的吃法，建議主菜配菜混著點，不必拘泥，吃起來比較痛快。

　　小酒館主人有自己的部落格，寫了很多精采的美食

文章和見解，但是不知為什麼，好幾個小餐館的主人在部落格上常有一些怨氣吐不出來。小店的經營是不容易，但主人要灑脫一些，態度要像自己做出來那些不拘泥的美味，路途才不會那麼顛簸啊。

塞子小酒館
地址／台北市信義區嘉興街 129 號
電話／ (02)2732-9987
營業時間／週三到週日 12：00 ～ 14：00，18：00 ～ 00：00；週一、週二公休

老上海菜館

　　不論在台北或上海，傳統老上海菜館愈來愈少了，一方面老師傅漸漸退休，一方面以燉煮為主的上海菜，湯湯水水的外表不夠時尚，這也可能是老味道有點落寞的原因之一。不過曾經開過欣園等上海菜館的老師傅寶哥，二〇一一年捲土重來，在台北東區開了一間純正的上海館子，吸引不少老客人回籠。

　　醬蘿蔔簡單清爽，粗獷中帶著原本的上海味道，素鵝、豬肚和白切雞，味道也都正宗，不亂加過多的調味，因此從小菜就看出主廚的原則是謹守傳統風味。精采的功夫菜素黃雀，腐衣、香菇等切絲後炒過塞進豆皮包內，捏成黃雀形狀，經過滷、炸、煨等等程序，最後在底層鋪上清炒豆苗，將黃雀形的豆包放置在豆苗上面，是上海式的精典素菜之一。茭白筍肉絲、火腿百頁蒸肉、清炒河蝦、紅燒鰲魚、蘿蔔牛尾、燒芋艿、酸菜炒筍等等都是上海家常菜，非常下飯。

　　老闆有時候會為熟客送上一道韭黃蝦仁水餃，但千萬不要多吃，以免主菜還沒上就飽了大半。大菜乾燒魚頭火候好又入味，紅燒馬頭魚取代了現在找不到的野生黃魚，層次口感都好。酒香四溢的香糟肉用的是陳年酒糟，招牌老鴨煲則是經過清蒸數小時之後再和配料煨過，清甜

鮮香一點不油膩。蔥開煨麵也是用清蒸出來的火胴雞湯煨
過，軟爛的麵條中帶著鮮美，是非常上海風味的麵點。

　　這間老上海菜館座位不多，除樓上小吃部，地下室
有兩張大圓桌。說話聲仍中氣十足的老闆寶哥，從十多歲
起進入這一行，由小學徒做起，因為肯吃苦又認真，成為
台北有名的江浙菜主廚，並到日本中菜館打拚多年，寶哥
說話喜歡夾雜流利簡單的日語，和客人社交，開心時一起
喝上兩杯。目前廚房交給兩個兒子掌舵，他稱兒子們學到
了八九十分，偶爾老客人指定，他會親自下廚做幾道老
菜，火候功力依舊不減當年，感動滿分。

老上海菜館
地址／台北市大安區仁愛路四段 300 巷 9 弄 4 號
電話／ (02)2705-1161
營業時間／ 11：30 ～ 13：00，17：00 ～ 20：00

東雅小廚

　　這家位在台北新生南路和濟南路交叉口不遠的東雅小廚，標榜全部採用無毒天然食材，以少油少鹽低脂高纖和慢火烹調，但是菜色依然有脈絡可尋，以江浙菜為底，再加上福州菜、廣東菜各種風味不同的家常菜。

　　很多講究養生的餐廳，大多以蔬食為主，東雅小廚的食材則包括肉類和海鮮，不會因為要吃得健康就紅麴、山藥滿天飛，或是菜色滋味淡如水澀如柴。這裡的招牌菜佛跳牆雖清淡卻依然鮮美，而且裡面蹄筋、海參、鮑魚、豬肚等食材樣樣都有，只是這些食材都是自家發泡或熬煮的湯頭，並非使用成品，烹調費工費時。

　　當然也還有圓蹄豬腳、紅燒獅子頭這類大菜，選用純黑毛豬，酥爛中帶有彈性。白斬雞用的是原生品種的黑鑽雞，肉質緊實，雞皮下不帶油脂，但吃起來味道仍然鮮甜。花生芽是一道少見的豆菜，據說發芽的花生容易產生黃麴毒素，因此在栽種過程要非常小心，豆製品是東雅的一大特色，選用無添加物的有機豆類。

　　酥炸豆皮包一點也不油，豆香四溢口感也好，雪菜百葉雖是家常小炒，新鮮百葉的口感滑溜順暢。菜脯蛋用天然老菜脯頗有風味。上海人愛吃的爛糊肉絲，用有機大白菜燴煮肉絲，該入味的一分沒少。其他清炒蔬菜，不因

為少油就火候不足。主食五穀米飯愈嚼愈香，菜飯是以青江菜和葡萄子油拌炒，清爽不油膩，吃起來健康有滋味。

「東雅小廚」的老闆喻碧芳，朋友都喊她喻姐，脾氣有點孤傲的喻姐，因為對自我和食材的堅持及驕傲，常得罪客人，我有朋友上門吃飯，當場為一道菜和她吵到不可開交。不過喻姐本著記者出身的職責，多年來親自探訪小農，深入了解每一樣食材的來源與製造過程，這一點倒是很堅持。

由於店內廣泛使用有機豆製品與無防腐劑的食物，這些食材通常一、兩天就會壞掉，因此要維持健康與天然，就必須保持小餐廳的規模，因為全部採用天然食材的做法，真的只有小店才辦得到。

東雅小廚
地址／台北市大安區濟南路三段 7-1 號一樓
電話／(02)2773-6799
營業時間／11:30～14:00，17:30～21:00，僅農曆年節公休

Taj 泰姬印度餐廳

朋友和我提起一家好吃的印度餐廳 Taj，Taj 在北印度語中這個字的意思是王冠，泰姬瑪哈陵最前面就是這個字。因此很多印度餐廳都叫 Taj，就這麼簡單，好像山東餃子館這樣的名字，到處都是。

店名雖然普遍，但是這間餐廳真的很地道，是台灣少數幾家獲得清真（Halal）飲食認證的餐廳，老闆 Ameen 是巴基斯坦人，他的太太亞瑟蘭是台灣人，亞瑟蘭在台北西門町開設一間賣印度紡織品的風情小店，出版過一本《愛在巴基斯坦蔓延》，寫她的觀察和人生故事，後來和原本就學餐飲的先生一起經營這間北印度風的餐廳。

　　為了呈現印度的原味，廚房裡的烤爐是從北印進口的，所有的麵餅（Naan）都現點現做，不論是奶油、大蒜或蕎麥麵餅，一端上桌讓人忍不住一口吞下半張。這裡的主食還有香料炒飯和埃及豆（Chick peas），埃及豆其實就是中國人稱的雪蓮子，在專賣黃豆黑豆的雜貨店裡有賣，原本價格不貴，但是若稱為埃及豆就是進口貨與進口價格了。埃及豆搭配咖哩或印度及中東風的香料都很適合，在這裡的軟爛口感也頗適中，香料炒飯則香氣誘人，但如果吃慣粒粒分明的台式炒飯，就不一定習慣這種風格。

　　午餐時間有一人份套餐，相當合算，單點菜色很多，以巴基斯坦的口味為主。坦都里烤雞紅色優酪醃料之中的香料，也大多由印度直接進口，味道調製得頗有層次。至於咖哩的味道也是每一種不同，紅咖哩、黃咖哩、

綠咖哩、白咖哩，不論是肉類或蔬菜類都各有風味。蔬菜咖哩用了大量的花椰菜、茄子和秋葵以及菠菜等，而可愛的印度三角咖哩餃（Samosa），包了馬鈴薯和青豆，味道偏重口味。另外還有雞肉和羊肉的烤肉串，烤得香嫩多汁，香料烤魚也很不錯。

Lassi 優酪乳清爽不膩，印度香料奶茶一杯下肚頗能解油膩。餐廳內用了很多印度織品做裝飾，也常舉辦印度電影講座和穆斯林文化活動的相關訊息，常有很多旅居或旅行到台北的印度人在此用餐。餐後結帳櫃台旁還放置了小碗茴香，掐幾粒放在口裡，可以調和口中吃到的各種香料味。

Taj 泰姬印度餐廳
地址／台北市大安區市民大道四段 48 巷 1 號（市民大道與大安路口）
電話／(02)8773-0175
營業時間／12：00 ～ 14：30，17：30 ～ 22：00

翠滿園餐廳

　　在台北的中餐館之中，翠滿園算是一間頗有點名氣的小館，位於台北市光復南路和延吉街交叉口的三角地帶，集合了粵式、潮州式、星洲與北方風味的小館，雖然派系不純，但是卻做出自己的風味與特色來。

　　老闆原在台北以吃豬腳出名的老店「吃客」（已結束營業多年）工作，其中最聞名的就是硝豬腳，類似德國豬腳的做法，肉質透爛卻不柴澀，先醃過再加紹興酒去蒸，蒸熟後拆成小塊端上桌，鹹中帶甜，食用時沾一些用香茅、醋與辣椒調製的辣醬，風味更具層次，從「吃客」到「翠滿園」，這道菜一直是招牌必點。

　　其次，它的東北風格滷菜更受到顧客歡迎，每天現做的各式滷菜，一盆一盆端出來，油光水亮、香氣誘人，豬耳、豆干、大腸頭、牛筋、牛腱、牛肚等等滷得入味又透，但仍保持脆韌的口感，味道層次也豐富，雖是北方滷菜也有點南方潮州式滷水的風味，火候或調味都拿捏得非常好，師傅功力真是厲害。

　　店老闆許先生原是馬來西亞出生的潮州人，曾在香港電影圈打拚多年，因緣際會來到台灣開了這間館子，集合了潮粵菜系和南洋及北方的各種風味，口味雖混雜，但是菜色仍有脈絡。南洋蘿蔔糕，以辣椒、韭菜、豆芽、雞

蛋和 XO 醬拌炒，蘿蔔糕外層焦香微脆，炒過之後卻把其他配料的味道都滲入裡層，可是又不致糊爛。涼拌耳絲和涼拌麵都辣得不手軟，一些家常熱炒部分火候足，像是豆干辣炒肉絲、炒豬肝炒腰花片甚至是創意菜鴨肝炒蛋，吃起來柔軟香滑，不像是普通的熱炒店一味的油和鹹而已，另外潮州式的梅子蒸肉餅則是夠味又下飯。

除了熱炒，燉品更是出名，有好多砂鍋組合，內容都非常豐富，滋味也足。白菜火腿燉雞、砂鍋鱺魚頭、魚鰾胡椒鍋、神仙燉子排，或是招牌一品鍋，這些大砂鍋份量都很大，喝下一碗就全身發熱，砂鍋從端上桌到吃完飯，都還是熱的。此外，老闆的私房菜虱目魚米線湯也很有特色，加了香茅、番茄和酸木瓜等南洋香草調味的台灣虱目魚和米線混煮的湯品，酸中帶著香氣，愈喝愈開胃。

翠滿園的菜色多樣，大菜小吃雖然都有，不過大部

分的份量都是以桌為單位，牆上貼著的合菜份量更是驚
人，因此要去吃飯最好湊齊一桌，不然打包帶回家的，可
能吃一星期都消化不了呢。

翠滿園餐廳
地址／台北市大安區延吉街 272 號一樓
電話／ (02)2708-6850
營業時間／ 12：00 ～ 14：00，17：00 ～ 21：00

Whiple House

　　我很少介紹輕食，總覺得一些雅致的輕食小餐館，裝潢漂亮，但食物常不是重點，而且經營不長久，才沒一、兩年就關店了，因此不大敢介紹這一類的小店。

　　這間 Whiple House 原本是一間集合服裝店、家飾品和餐廳的複合式生活小店，但是後來服裝店和餐廳分開，餐廳就單純得多，最大的好處是營業時間很長，沒有分午餐和晚餐時段，任何時間都可以點餐。而且發現原本在複合式生活小店裡提供的輕食，移到純餐廳裡，更為出色，每回都能維持一定水準。

　　基本上這裡以地中海風為主要概念，食材雖多選在地食材，但選用得很不錯，開放式廚房爐火夠旺，師傅手法中規中矩，不賣弄技巧，不亂添加有的沒的。據說主人就是目前當紅明星柯震東的父親柯義浤，看來是個相當有概念的生意人，將設備和流程設計得很流暢。

　　Whiple House 的基本小菜就是它的焗烤起司麵包盤，將幾種乳酪烘烤後打個生雞蛋，在上菜時才將雞蛋和熱乳酪調和均勻，抹在麵包

上做開胃小吃，雖簡單但十分美味。沙拉類以芝麻葉、山藥、新鮮葉菜搭配手工豆腐和半熟蛋等等為主，都非常爽脆和新鮮，調味的和風醬汁也稱得上淡雅有味。

至於義大利麵和燉飯的火候和調味都簡單不過頭，白花椰菜的燉飯口感很好，除了吃到米心還有花椰菜脆脆的口感。地中海式的烤蔬菜，杏鮑菇、玉米筍等等，配上紅酒醋十分清爽。主菜之中，加了香料醃過的烤雞腿，頗有風味，羊排或德國豬腳則是很難出錯的基本款。只是店內食物說不上有什麼太大的特色，難得的是都做得中規中矩，小店這樣也算是一種成功吧。

餐飲之外的店內擺設恍若熟悉，像是日本近幾年流行的風格小店，以懷舊風為主，木板桌子鐵製椅子都有刷舊的痕跡。店內氣氛輕鬆，三五好友吃吃東西聊聊天，這裡可是個放鬆的好去處。

Whiple House
地址／台北市大安區復興南路一段 219 巷 10 號
電話／(02)2775-1627
營業時間／12：00 ～ 22：00

泰美泰國原始料理

　　以泰北地區的部落菜為主軸的泰式餐廳，聽起來就很吸引人，但什麼是泰北部落菜呢？

　　泰北地理多山區，有著名的長頸族原民部落等，飲食方面和泰國中南部以海鮮為主的菜色不同，以醃菜、醬料、河魚和肉類為多，並且受到寮國、雲南、擺夷、緬甸等地的影響，許多加了椰奶的菜色，反使得泰國菜裡面辛辣的味道較為柔和，像是出名的泰北咖哩麵（Khao Soi）。

　　雖然泰美並不供應咖哩麵，但是綠咖哩雞肉、豬肉或牛肉，味道明顯偏甜，柔順而又容易入口。招牌菜酥炸羅望子魚，和台式五柳枝及油淋紅燒魚做法小類似，將鱸魚炸熟，淋上用羅望子、檸檬皮、南薑、嫩薑、香茅等等做成的醬汁，再撒上香菜，好看又好吃。另一道代表菜色生魚肉沙拉，將魚肉剁成泥和一些辛香料炒過做成醬，再將蔬菜水煮後以及炸得酥脆的豬皮和泰式香腸一起裹著沾上魚肉泥醬入口。至於爽口的涼拌芭蕉花，以切成細絲的芭蕉花，和蝦仁、洋

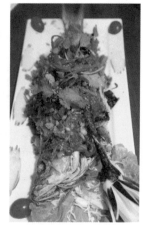

蔥、紅蔥頭和椰子乾、辣椒等拌勻。

　　泰北生牛肉涼拌是將牛肉汆燙後和炸過的牛內臟以及香菜、紅蔥頭、花椒、蝦醬、魚露等調味料拌勻。所謂的生牛肉和生魚肉指的是新鮮的魚或肉，並不一定是生的。辣炒山豬肉，則是先將山豬肉烤過切片，再加綠胡椒、嫩薑和少許紅咖哩調味，帶著淡淡的煙燻味的山豬肉被辛香料提出了好味道。

　　泰式豬腳也是紅燒，但少了中式豬腳的醬油味，只要將附上的酸辣的沾醬淋上一些，風味就完全不同。泰式炒河粉有點軟滑，比較沒有特色。另外尚有一些大眾較熟悉的泰國菜，月亮蝦餅、醬爆空心菜、鹹豬肉炒芥藍、涼拌海鮮等等。不過既然到泰北餐廳，就吃道地的泰北菜嘍。而店家為適應本地人的口味，點餐時分大辣、中辣和小辣，雖然泰北菜已屬溫和柔順，但要吃得痛快淋漓，還是試試中辣或大辣吧。

泰美泰國原始料理
地址／台北市大安區東豐街 34 號
電話／(02)2784-0303
營業時間／11：00 ～ 14：30，17：30 ～ 21：30

福皇宴港式小館

　　有些餐廳可以說它超級無敵，意思是人人喜愛，不分年齡職業，大致上都可以接受，就所謂的大眾美食吧。在公司或住家附近的小餐廳，沒什麼太華麗的裝潢，但也乾乾淨淨，一到用餐時間，朋友同事大夥一吆喝，就可以一起跟著走的那種餐館。

　　福皇宴就是這種小館子的典型，十個人用餐，點個六、七道菜，大家開心分食，如果沒有特別昂貴的食材，費用平均攤下來，頗為平實，和熱炒店比較雖稍貴一點點，但好處是有靠背的椅子，有免費的茶水，還有不錯的空調。

　　這一家小館子，也有合菜可以單點，人數多的時候來個合菜省麻煩，菜色不會太離譜。單點的時候常被點到的菜大都是家常熱炒類，像是 XO 醬炒玉帶、炒雙魷，豆干炒肉絲、干煸四季豆、蠔油牛肉、滑蛋牛肉、蔥油毛肚、豆酥鱈魚、蒜蓉中蝦、京都排骨、豆豉燜雞、椒鹽田雞、西芹炒魚片、冬菇燴生菜、蹄筋燴海參等等五花八門什麼都

有。至於我的必點則是鹹魚蒸肉餅，下飯之外，吃不完打包回家再熱，味道也不會變。

　　不過店內的招牌還是香酥芋泥鴨，這是粵菜館的重點菜。芋頭鴨的外皮頗酥脆，雖然不是太精緻，但吸了鴨油的芋泥，並不會過於油膩。此外各種港式煲仔味道都好香，豆腐海鮮煲、蔥薑魚頭煲、蝦球粉絲煲、咖哩牛肉煲、茄子豆腐煲……數頁的菜單上似乎每一頁都有煲菜，歸類不是很清楚，但不打緊，凡是只要叫得出的組合，餐廳都不難提供。另外還有砂鍋火鍋，山藥麥冬排骨鍋、海鮮火鍋、花雕雞鍋，新鮮的蒸魚蒸蟹也不缺席，當然也還有各式炒飯……真是族繁不及備載，好厲害的廚房，什麼都能做，菜色雖稱不上有特色，但味道也不差。唯一可惜是並無港式點心，即使滷水也是滷牛肉和滷豬肚等，並非潮州式滷水鵝那一類。

　　像這樣老少咸宜的小館子，用餐時間好不熱鬧，當然最好先訂位，小館有幾個小包廂，小型聚餐很適合，如果想要外帶，稍等一會兒，店家動作可是夠快的呢。我真的很佩服這些小館子，或許稱不上什麼了不起的美食，但是效率實在驚人，這是台灣民間的力量，其創造的經濟效益，解決都市大眾生活上一些基本休閒活動，這可是米其林餐廳達不到的效能。

福皇宴港式小館
地址／台北市大安區四維路 206 號
電話／(02)2704-8475
營業時間／ 10：30 ～ 14：00，17：30 ～ 21：00

常夜燈

　　聽說前「太卷壽司」的老闆阿祐在流浪一段時間之後，又回到台北開了一間日式風格的小酒店。我費了好些工夫才搶到位子，因為以前的老客人聽聞他回來，竟蜂擁而至，可是那時候店裡還在試營運呢。

　　為什麼老客人這麼熱烈？老實說他的食物是做得不錯，但要這麼一位難求，也是太誇張了點。而且他不是那種笑臉迎人的師傅，有些酷也有些傲氣，能這麼受歡迎，應該算是有些獨到的東西吧。

　　其實店裡沒有菜單，都由阿祐主廚搭配，因此每回會吃到不同的東西。常見的比目魚、旗魚、尖鮻、紅魽、甜蝦、干貝、軟絲壽司，食材都很新鮮，特別的是佐菜用的芥末，新鮮剛磨好並帶著淡淡的香氣。阿祐師對調味料真的很講究，一回吃到芝麻和味噌拌過的醬汁，淺淺的刷在微炙過的白身魚上面，真讓人拍案叫絕。

　　烤魚早在阿祐還在太卷時就很出名，同樣的烤牛肉、雞腿、鴨胸都適時出現在盤子裡。至於常見的鮟鱇魚肝有稍微炸過，即使是生蠔表皮也經過炙烤，讓滋味緊縮，吃起來感覺不會噁心，也就不顯腥味。阿祐出菜的順序看似有海鮮有蔬菜有肉類，但其實調配得剛好。口裡味淡了就上點滷燉的牛筋，牛筋用竹籤串起來，是關東

煮的做法，從鍋裡撈起來時軟爛適中，同樣的，鮑魚也燉得剛好。另外還有一顆有趣的炸蛋，外面包裹了魚漿，下鍋炸過蛋黃竟然還半生熟。

冬天裡最好吃的關東煮全都是師傅手工做的，每天新鮮現做的高湯和各種魚漿魚板極有味道，烙上常夜燈三個字的魚板豆腐不只鬆軟鮮嫩，也讓大家都要舉起相機。福袋和高麗菜捲裡面可不一定包了什麼，每回都有驚喜。俗稱甜不辣的魚漿則加了毛豆，燉煮過的白蘿蔔上面撒了入口即化的白昆布絲，但令人驚喜的是沾關東煮的味噌醬，淡雅有風味卻不搶戲。

為了常夜燈這個店名稱，我在大阪旅行時特別到一家開業五十年的同名的餐廳，原本滿心期待，可惜有點失望。回到台北，我問阿祐，你和這間店有關係嗎？阿祐笑著說，他在網路上找到大約五間同名餐廳，但是全都和他沒有關係，為什麼取這個名字，他沒有說，我只好笑自己自作多情了。

常夜燈

地址／台北市大安區濟南路三段 58 號

電話／(02)2781-0887

營業時間／18:00 ～ 00:00（要預約）

廣東客家小館

　　在台北車站旁邊的華陰街上，原來有兩間不起眼的客家小餐館，都是開了數十年的老店，其中一間「天橋」在二○一一年熄燈，據說老闆之一因為手臂受到職業傷害，無法再做；另一位主廚也因第二代沒有接手的意願，決定休業，喜歡的老店又少了一家，真是遺憾。

　　我很擔憂另一間「廣東客家小館」也維持不下去，趕忙到好一陣子沒去的這家小店，幸好第二代老闆經營得很出色，連第三代的兩個兒子都已經進廚房磨練，真是教人開心。

　　店裡的招牌客家鹽焗雞，是用烏骨雞醃的，黑色的雞皮油脂豐厚閃閃發亮，帶著鹽鹹的雞油醬汁和雞肉很融合，稍微沾一下就很有味道。客家名菜梅菜扣肉非常地道，三層肉燉得極入味，梅菜又香氣四溢，可以配上好幾碗白飯。客家小炒火候足爆得夠香，大約是每桌必點的菜

色。九層塔茄子也是精典菜，茄子吸飽了醬汁，九層塔的
香氣仍能衝進口鼻。薑絲大腸酸味不是很嗆，點菜率也很
高。老皮嫩肉是老客人的最愛，炸乾的豆腐老皮上面撒著
一些香菜調味，味道不同於一般濕版的老皮嫩肉。

　　銀芽毛肚或酸菜炒羊肚絲，爆炒功夫頗有兩下子。
九層塔炒蛋不油又香。還有一道是很特別的酥炸客家鹹豬
肉，裹了酥炸粉的鹹豬肉和一般直接烤或炸的吃起來很不
一樣，非常有趣。

　　豬肉福菜煮湯雖然簡單，但是福菜的香味和帶著鹹
味肉片的油香混合在湯裡，並且加了小魚乾提味，喝起來
甘甜適中非常溫潤。有一道菜單上沒有的私房牛肉片湯，
要和老闆混熟一點才吃得到，但滋味可真是鮮甜。

　　客家小館的最大特色就是所有的菜色都太下飯了，
進去之前要衡量一下和自己的減肥大計會不會相牴觸，因
為每一道菜都可以讓你吃上三碗飯，但是和朋友聚餐或家

族聚會，這可是好地方呢，通常老老小小人人都愛。事實
上這一類家常小館以前常在各街巷弄之中，但現在卻是愈
來愈凋零，這些小館子，食材雖是一般，但簡單的東西往
往最吸引人，而且價格合理，人愈多平均起來價格當然愈
低，是從前稱的「經濟小館」嘍。

廣東客家小館
地址／台北市中山區華陰街 27 號
電話／(02)2562-6658
營業時間／11:30 ～ 14:00，17:30 ～ 21:00，週一公休

小江日本料理

　　店裡不時傳來日語老歌的樂音，牆上掛著一些日式佛像的裝飾品，餐廳裝潢採半開放式，店門口有一個海鮮冰櫃，說它是日本料理店不如說它是台式海產店或居酒屋更恰當。這裡打從傍晚開始，川流不息的人進人出，每一桌都杯盤狼藉，氣氛真是熱鬧極了。

　　位於台北大學台北校區附近巷弄裡的小江日本料理店，牆上掛著從生魚片、烤魚、烤肉、炸豆腐、炒蔬菜、火鍋等等琳瑯滿目的餐牌，建議你乾脆直接走到海鮮冰櫃旁邊點菜。生魚片等級不一定高，但鮮度絕對沒有問題，新鮮的生蠔用酸甜的蘿蔔泥柚子醬汁調味，爽口又鮮甜，烤物方面五花八門，紅喉、大眼鯛、赤鯮、嘉鱲、鮭魚下巴或花魚、午魚一夜干，龍蝦、旭蟹、螳螂蝦等等，或蒸或烤或是爆炒，隨師傅決定，因為食材新鮮，怎麼做都好吃。

　　喝酒之前先吃一顆花壽司，超大的花壽司內容好豐富，沙拉冷盤更是琳瑯滿目，除了美生菜、涼筍、黃瓜、番茄，還有鮑魚、軟絲，和加了小魚卵及蝦肉的馬鈴薯沙拉以及新鮮的牡丹蝦，每一種吃一口已經快半飽。

　　這裡的炸物是百分之百的配酒小菜，雞翅或是糯米椒填塞了明太子。炸肥腸是人氣一品，先滷過再炸的肥腸

夾著青蔥，兩圈一串吃起來不油膩。炸香菇的帽子裡面也填了很多花枝和魚漿。培根蘆筍干貝捲和烤豬肉、牛肉串，調味好吃，配清酒或啤酒真是太過癮了。

圓鱈火鍋湯先將鱈魚炸過，吃起來特別香濃。烤小卷飯，在小卷肚子裡塞入米飯，鮮甜又有口感。炒烏龍麵也加了蔬菜海鮮肉絲，這裡每一道菜的材料都很澎湃，連蒸蛋裡也塞滿了配料，一不小心很容易吃撐了。但是最後一定要留點肚子吃上一盤又彈牙又順口的烏魚子炒飯，這樣才稱得上是酒足飯飽，挺著肚子回家再減肥啦。

小江日本料理
地址／台北市中山區合江街 69 之 3 號
電話／(02)2515-0236
營業時間／17:00～22:00，週一公休

てつわん鉄之腕和風鐵板料理

　　朋友介紹我一家口袋餐廳，說是吃大阪燒、日式冷麵配啤酒什麼的，說得有點讓我搞不清到底是什麼類型的餐廳，就算後來我去過幾回，也還是說不出來是哪一類餐廳，基本上說它是居酒屋式的小店也對，是日式風味的家庭小館也行。

　　據說這家小店的老闆原本是鐵板燒師傅，所以菜單上仍有不少鐵板燒的影子。番茄豚平燒，是以軟嫩的蛋皮包著豬肉下鍋煎過，再淋上番茄醬汁，幾乎是每一桌必點的招牌。鐵板豬肉沙拉，豬肉與半熟的煎蛋，襯著高麗菜，再配上胡麻醬，風味獨特。至於鐵板煎軟骨，不論是雞軟骨或豬軟骨，切得細細的軟骨煎得半焦，適合下酒。

　　大阪燒的做法有用麵糊為底，也有用山藥調成麵糊做的，人氣王是綜合山藥大阪燒，山藥麵糊上面加上一顆生雞蛋，口感相當滑嫩。番茄綜合大阪燒，乳酪被番茄的酸味綜合，酸甜中又多了分清爽。這些大阪燒很有時尚感，上面整齊地撒著海苔、柴魚片和蔥

花，讓不少原本對大阪燒停留在番茄醬麵糊印象的人，大
為改觀。

　　日式炸雞也非常受歡迎，外皮酥脆雞肉多汁，老少
都愛。主食則有冷麵、炒麵和烏龍麵等。店內原本一半以
上都是日本熟客人，可見這一家小餐館做出來的菜色一定
是夠地道的。特別的是這間小店的門口還有一個小院子，
可讓自行車掛在牆上。

てつわん鉄之腕和風鐵板料理
地址／台北市中山區松江路 77 巷 12 號
電話／ (02)2518-2295
營業時間／平日 11:30 ～ 14:00，18：00 ～ 22:30，
　　　　　週六 18:00 ～ 22:30，週日公休

小張龜山島

　　在台灣北部，不少海產店都叫「龜山島」，在台北我知道的至少就有五、六家，只因為龜山島是北部的大漁場。不過敢稱自己是龜山島，顯見漁貨一定很新鮮，我吃過其中幾間，漁貨的種類稍有差異，但也許是因為有朋友引路，最常去的是遼寧夜市的「小張」龜山島。

　　這裡的特色是有不少其他海產店少見的海鮮，像是鹹酥海馬、炸盲鰻都有點特別，但我反倒覺得有點吃不慣。我喜歡它的招牌甜蝦沙西米，個頭超大的甜蝦要價不低，但是鮮甜的滋味一吃難忘。老客人吃甜蝦，會先將蝦頭摘下，放到一邊，請廚房將蝦頭烤得焦焦脆脆再吃，下酒最好。

　　紅喉、地震魚、虎格這些北部人常吃的魚種，品質

和鮮度都是最佳狀態，特別的是
台灣鱈魚油炸清蒸兩吃，肉質細
密鮮甜，只是魚刺不少，油炸的
雖將大部分刺炸到酥軟，但是還
是要小心。尖鮻是烤的，細嫩有
滋味。鮟鱇魚熬成白色的魚鍋，
冬天裡暖呼呼非常過癮，有殼類
海鮮依季節有不同的選擇和做

法，大多清蒸和爆炒，像是角蝦、沙公沙母、旭蟹、牛腳
蟹、小龍蝦等等。文蛤、海瓜子較一般的大多全年供應，
軟絲或透抽等觸鬚類或水煮或烤或爆炒，都頗鮮甜，中卷
就用一般夜市的三杯吃法，入味又下酒。

　　時蔬方面，炒山蘇、空心菜都清甜爽脆無比，據說
是來自宜蘭。不過到「小張」龜山島也不要期望太高，這
裡畢竟是夜市，有些菜色在處理上自然就粗糙一些，像是
烤魚，魚身的鹽有時沒有抹勻，清蒸魚類的辛香料放了太
多，遮住食材本身的原味，但大致不太離譜。只是每天從
開門就人潮不斷，一定要訂位，當然最好穿著輕便一些，
人太多，冷氣實在不足，走道座位都很狹窄，吃飯像打
仗，就不要計較了。

小張龜山島
地址／台北市中山區遼寧街 73 號
電話／0927-808-693
營業時間／16:30 ～ 01:00

吉林川客小館

　　「吉林川客小館」這塊招牌，看起來有點怪異，為什麼川菜和客家菜會合成一間餐廳呢？老闆都小芳笑咪咪地說，沒什麼特別啦，只是想告訴大家，這裡什麼都有，不拘菜系，就家常小吃。

　　店裡不過三張大桌子，沒什麼裝潢，就是早年會掛著「經濟實惠」那種招牌的小館，但這樣簡單的裝潢，卻吸引不少老客人專程前往。進門坐下，菜單上真的各種菜系都有一點，四川的水煮牛肉、肥腸茄子煲、干煸四季豆，東北的涼拌白菜心，河南的道口燒雞，台灣的客家小炒，還有每一地區都吃得到的獅子頭、豆干炒肉絲等等。

　　店裡的招牌道口燒雞，是老闆每天做的，她說一天煮三隻雞，一隻做油雞，兩隻放隔夜等表皮風乾，再用糖、鹽、茶葉和甘蔗渣煙燻，上桌前以微酸的醬汁調味，和番茄及小黃瓜涼拌一下，風味真好。獅子頭則是用手工剁碎，加點薑末去打，炸過後再用高湯燉，家常味道中見功力。火胴燉雞湯是大菜，鮮美夠味。粉蒸排骨下面襯的是南瓜，排骨的油脂融在南瓜裡，增加了排骨的香氣也使得南瓜甜中有些鹹味，兩者有相互幫襯的作用。

　　這間小館的菜色，表面看起來沒有一個邏輯和系統，但是整合起來味道倒是頗相合，畢竟老闆是個懂菜的

人，因此當客人點菜的時候，老闆會貼心地幫忙配菜，幾
道重口味配幾道淡雅些兒的，這南北合的風格，顯然看得
出來老闆出身眷村。確實，單是特別的姓氏「都」，每個
客人就都要問她是哪裡人，她說父親是東北旗人，她從小
在新竹的空軍眷村長大，所以東北菜、新竹客家菜都做，
因為愛做菜，二十多歲就追隨湘菜大師彭長貴學藝，做得
一手老湘菜，手打的蘿蔔糕黏黏糊糊的、火胴臘肉滾蓮藕
湯滋味鮮美……不少老客人都請她做傳統老湘菜，但當然
得先預定。

　　她曾在木柵和天母經營「都家小館」。現在這間店
雖然比起從前規模小了很多，但無論如何，她一定每天到
濱江市場去買菜，為客人準備最好的食材。接下來，她說
就是認認真真地處理每一道程序，沒有祕密，也絕不偷
懶，數十年如一日。

吉林川客小館

地址／台北市中山區吉林路 368 號

電話／(02)2596-8138；0919-211-369

營業時間／12:00 ～ 14:00，17:00 ～ 21:00，週一公休

匠壽司

　　大街上壽司店愈開愈多，多的好處是有競爭，水準當然會愈來愈好。但壽司店可不能隨便走進去，因為等級分別實在太大了，從平價的小店到動輒每人以數千起跳的名店都有。

　　位於台北建國高架橋附近就有多家知名壽司店，有一間知名度不高，卻也經營了好幾年的匠壽司，算是中高價位的低調小店，午間有套餐和單點，晚間則有數種價格不同的壽司套餐。師傅據說以前在名店工作，因此手藝相當得好，從名店到自己的店，處理食材上似乎更放得開，風格很自由。而且因為店小，可以每天親自挑食材，發揮更大。食材多以在地的漁獲為主，並搭配日本進口食材。

　　兩地的食材當然各有千秋，師傅有時甚至刻意要比較一下本地與進口風味之不同，因此常見的台灣水針與日本水針魚會一前一後出現，台灣水針肉質較軟，日本水針軟中有點脆度，每人也可能有不同喜好。紅尾鳥則是台灣東北海岸漁場常見到的深海魚，肉質清甜，師傅用了一些醃過的昆布和茗荷做搭配。紅魽、青魽和鮪魚雖是基本款，但每個部位都有不同的處理方式，拿捏得不錯。體型較小的黃鮪，肉質比較細嫩，據說漁場在琉球一帶，在日本料理店並不常見。季節對了還有秋刀、小鰭

等等。比目魚的鰭邊肉，經過微
炙後，剛好帶出一點點油脂和香
氣，是很受歡迎的做法。大隻的
甜蝦和經過微炙的干貝，吃起來
都好華麗，蝦頭最後都是送回去
給師傅再烤或炸過，用來送酒。

　　偶見澎湖野生蠔，個頭漂
亮，滋味也鮮甜無比，頗為驚
訝，有時會出現日本熊本的生
蠔。軟絲切片上面加上一些海
膽，中卷則是微炙過後抹上一點

醬油，漂亮又有味。涼拌竹筴加了些珠蔥，搭配水果醋沾
醬。軍艦壽司，海苔好脆，雖是基本但可知店家用心與
否。煮熟的蟹肉拆絲後和蟹膏味噌及蟹黃搭在一起，同樣
用海苔捲起。還有豪華的蘿蔓葉捲鮭魚卵和海膽壽司，吃
進一口鮮甜的海味。

　　熟食部分，滷田螺做開胃小吃，烤午魚、紅喉或鯖
魚下巴，細緻中有焦香，鮑魚滷過再炙，又漂亮又有口
感。有時用大蝦和蒸蛋做為完結，或是小型相撲鍋，吃完
冷食來一點熱鍋，真是完美的句點。

匠壽司
地址／台北市中山區建國北路一段 68 號（長安東路口）
電話／(02)2508-0904
營業時間／11:30 ～ 14:00，17:30 ～ 21:00

MY 灶

　　我很喜歡吃台菜，台菜有哪些著名的菜色呢？以現階段知名度最高的當屬佛跳牆，其他如白切雞、紅鱘米糕、滷肉、紅糟肉、黑白切、麻油腰花、菜脯蛋等等也都是台菜餐館裡常見的，雖然有名號的菜不算多，但可能就是家常味道吸引著台灣人的胃吧。不過愈是家常愈是難找到好吃的台菜餐館，在台北難得吃到一間不錯的台菜小店，此店雖非老店，但是精緻中帶著古風，店內不做大菜，家常味之中看得出認真和用心。

　　最叫座的滷肉飯，是用三層肉連皮切丁做的肉臊，濃稠綿密，澆在飯上面，完全不會讓飯粒變得稀稀糊糊。燉煮的菜脯肉則是當天現做，用了醃製兩年的蘿蔔乾，但豬肉入味又滑潤。大腸豆腐不是老四川那一派的，淡淡的醬煮，頗有台味，也加了白蘿蔔作夥。

　　西魯肉的重點，油蔥、焗魚、蛋酥都恰如其分，福州菜魷魚油條現在很少吃得到，這裡的味道偏淡了一些，老闆說他可沒加那些刺鼻的醋酸。不過韭菜花皮蛋炒得就很夠味，至於簡單的炒 A 菜上面的蒜片炸得很香脆，適度去掉了青菜的苦澀，另外樹子高麗菜也挺下飯的。娘二味就是韭黃炒軟絲，簡單的熱炒，火候不差。四神湯也是招牌，打過結的腸子，吃起來很有厚度，細節之中透著古風。

我比較不欣賞老闆引以為傲的麻婆豆腐，他是根據日本中華料理達人陳健一的版本，很用心熬了花椒辣油，但是偏甜的口味和軟滑的盒裝豆腐較不是我個人的喜愛。不過這道菜挺叫座的，因此純是個人偏好問題吧。

　　我倒是很喜歡什錦古早麵，湯頭真的很有古早時的風味，配料蝦子、高麗菜和肉絲，雖然沒有加魚板，但味道頗正點，都先爆炒過再加油麵下去滾。至於要預定的麻油雞飯等等，都很精采。

　　MY灶的老闆在台北迪化街土生土長，原本賣芝麻、花生等雜糧，因為愛吃，也喜歡研究，一不做二不休，開起了餐館，由自己最熟悉的台菜古早味著手。他不依賴現有的調味料，因此幾乎每道菜和醬汁都從頭做起，總體來說，算是較精緻的家常小館，雖然價格有點高，但食材做工都稱得上講究。

　　開業才一年，就應客人要求，將隔壁店面也頂下來，雖然大了一倍，不過仍是個小餐館的規模。老闆說，最主要是加大了廚房的面積，這樣工作起來方便，才更有發揮。

MY灶
地址／台北市中山區松江路100巷9號之1（近捷運南京松江站3號出口）
電話／(02)2522-2697
營業時間／11:30～14:00，17:30～21:00，週一公休

台北市西區

福君飯店御珍軒

　　和很多朋友說起福君飯店二樓的廣式茶樓御珍軒，大多抱著半信半疑的問號，「台北有這間飯店嗎？飯店的茶樓會好吃嗎？」結果被我介紹去的每位朋友，大都做了回頭客。

　　說起這間飯店，其實是台北很早期的商務型飯店，已有三十多年的歷史，但是二樓的廣式飲茶一直委外經營，直到二〇一二年才由業主收回重新開幕。菜色以廣式飲茶為主，兼有江浙菜及少數川菜和客家菜，菜單幾乎每個月都在更新，但還是頗具特色，最主要是走老派路線，不論哪個地方的菜系，都有扎實的功夫和傳統的風味。並有一桌可坐二十人的大型包廂，大宴小酌都適合。

　　我比較喜歡這裡的小點，蘿蔔糕當然是飲茶的基本選項，但最讚的是韭菜粿，外皮細嫩的米粿煎過之後帶出

內餡裡韭菜的香氣，粿皮的口感也非常好。腸粉的選項就有多種，老派的愛吃炸兩，新派的有越式粉腸，鮮蝦腐皮捲和鹹水餃考驗師傅的火候，蜜汁叉燒酥則烘得細巧，花枝餅也頗有味道。

熱菜之中，百花釀絲瓜，用魚肉包著絲瓜，這兩種食材搭配起來竟非常鮮甜。石榴雞是傳統潮州菜，以大張燒賣皮包入炒過的雞肉、鮮筍、香菇、紅蘿蔔、荸薺等，蒸過之後加上菠菜和蛋白做成的淋汁，吃起來很清爽。粥水魚肚浸勝瓜是廣東艇家的傳統菜，將米粒煮化，加入花膠和絲瓜，滋味淡雅且極為道地。松鼠魚的調味就重了一些，剁椒魚頭雖不是粵菜，但口碑不錯。

我每回到這裡用餐都會吃得過飽，一方面菜色很多，都不想錯過，但是有時候也因為廚房出菜序有點亂，七七八八大菜小點一古腦兒全都一起上，讓人應接不暇，這個冷了不好吃，那個要趁新鮮吃，不知不覺就吃了太急太多。而且菜單五花八門什麼都有，一貪心點太多，圍滿一桌子，站起來摸著肚皮才後悔莫及。

福君飯店御珍軒
地址／台北市大同區重慶北路一段 62 號二樓
電話／(02)2552-1787
營業時間／11:30 ～ 14:00，17:30 ～ 21:00

福州麵店

　　在台北市重慶北路的小巷弄裡，有一間沒有招牌的小麵店，外觀看起來有點雜亂，店內卻熱氣騰騰，不論是否用餐時間都有不少客人進進出出。不要以為這間不起眼的小店只有老客人或勞動階級的人來光顧，許多開著高級驕車的老闆，也會特別跑來吃，可說是內行人的小吃店。

　　店內只賣三樣東西，乾拌麵、肉湯和燙青菜。但這三樣東西卻賣了數十年。乾拌麵分大中小三種，麵條則分粗和細，燙青菜菜色不一定，可能是 A 菜也可能是豆芽，反正就一種，燙一下撈起來，淋上一瓢油蔥酥，就是這樣。至於肉湯有三種，頭骨肉、嘴邊肉、肝連肉，做湯或不要湯都可以，也可以選三種或其中兩種的肉湯，同樣也分大碗和小碗，就這麼乾脆。

　　通常老客人點了菜，大多自己站在麵擔邊動手配一小碟的沾醬，醬油膏、辣椒和香油、薑絲，當肉湯端上來，就這樣沾醬配著吃。除此之外，雜亂的桌上，還放了醬油膏及米酒，不過米酒不是給客人直接喝的，是讓客人自己加在肉湯裡面，一方面提味，一方面增加香氣，真是有夠古老的吃法。只是這種最純粹的做法，卻牽引著很多人的味蕾。肉湯的湯頭並不特別濃郁，但是卻鮮甜好喝。只要喝過一口，很難不想把整碗喝個精光。至於乾拌麵，

也只簡單的加了一瓢醬料去拌一拌，醬料裡面大約就是豬油和豆瓣的味道，非常簡單，但卻很有滋味。老闆葉長龍說，這是阿公傳下來的，沒什麼太多祕密，就是最古早的福州乾麵的味道。

福州麵店
地址／台北市大同區重慶北路三段 236 巷 44 弄 2 號一樓
電話／ 0982-075-573
營業時間／ 05：30 ～ 11：20，每月第二、第四週的週一公休

大嗑西式餐館

　　小店開始裝潢，剛好路過那裡，心裡就猜想這一定是間特別的店。果然過沒多久，就有朋友報馬仔說好吃，因此我急急忙忙拉著朋友趕去一吃究竟。

　　店內位子不算多，半開放式的廚房，廚師看起來都好年輕，端出來的菜卻很成熟，不論食材、技巧、擺盤都讓人眼睛一亮。前菜炸薯條用一張印著報紙花紋的油紙襯著，外酥內軟調味也剛好，忍不住會一口接一口。海鮮沙拉用了當令的海鮮例如大蝦、小卷等，配上麵包，有著淡淡的碳火的香氣。炸雞翅膀裡面加了乳酪，配啤酒真好，蛤蜊用番茄、洋蔥和羅勒熱炒，新鮮甜美。

紹興奶油嫩煎雞胸肉質很嫩，由奶油和高湯調成的醬汁，還帶著很濃的紹興酒香，頗為特別。紅酒芥末燉牛頰，採用的是澳洲和牛的牛頰肉部位，先醃漬再慢燉，可能因為加了芥末均衡了油膩，吃起來柔軟而入味。嫩煎馬頭魚青醬燉飯擺盤非常漂

亮，在綠色的燉飯上面放上一塊銀亮的魚片，原來馬頭魚是帶著魚鱗的，但是鱗片用熱油淋過，全都豎了起來，吃起來酥酥脆脆很有趣，再配上用酸奶和檸檬調味的青醬燉飯。酥炸水波蛋奶油香菇義大利麵，在麵的最上端放上一顆外皮炸過的水波蛋，一刀切下，半熟的蛋汁流下來，蛋汁和在義大利麵裡面，十分溫潤。

　　小店開幕不久，但已做出小名氣，菜單隨著季節做小小的更動，據說幾位師傅都曾在知名的法國餐廳工作

過，幾位年輕人理念相合就開了這簡單時髦的小餐館，融合了法國、義大利菜的手法和概念，並加上一些本土食材，取名大嗑西式餐館，希望可以是一間小巧迷人且能放心大嗑的好餐館。

除了正餐，大嗑還提供一些調酒類飲料，頗受歡迎。目前大嗑的甜點可能是較弱的一部分，但主菜份量不小，可能大部分時候也沒有餘力吃甜點啦。

大嗑西式餐館
地址／台北市中正區濟南路二段 18-3 號
電話／ (02)2394-8810
營業時間／ 11:30 ～ 14:30，17:30 ～ 22:00，週一公休

老麵店

　　常常喜歡在台北市的一些老街小巷弄之間亂逛。幾年前的一天，沿著台北最老的街道迪化街漫步，就在以為已快走到底，沒想到穿過民族西路，竟然又露出被截斷的迪化街，在彎彎曲曲的巷弄裡，突然看見一個招牌，寫著「老麵店」。這可好了，這就是我亂走亂逛時最開心的發現，我喜歡這種掃街式的發現。但麵店當天沒開門，我失望地徘徊了一陣，很不甘心地離開。沒過幾天，我又過去，果然被我等到了，麵店正冒著熱騰騰的蒸氣，有一對老夫婦和一位中年婦女在攤子旁邊煮麵。

　　一走進去果然如招牌所列是一間簡單的老麵店，麵擔子上有一些滷味和黑白切，當然還有堆疊的白麵條。我要了一碗乾拌麵，還要了熱氣蒸騰的骨仔肉湯和小菜。麵端上來，我拿出相機來拍，沒想到那位煮麵的伯母竟開心地跑過來看，還叫我去拍另一端的阿伯，我跑過去拍，阿伯也不甘示弱地要我去拍擔子上的菜，兩位老人家一邊鬥趣一邊手沒閒著。另一位中年婦女看我有點尷尬地不知要把鏡頭對著誰，笑著說，我爸媽就是這樣愛開玩笑啦。

　　好溫馨的一家人喔，老了還那麼開心鬥陣。單是這樣開心的煮麵，就知道加了愛的麵條怎麼樣一定好吃。果然外表看似簡單的乾拌麵真的十分美味，有很香的豬油

味還有芝麻醬和豆瓣的味道，當然也有油蔥酥。那碗骨
仔肉湯更是鮮甜，原來是加了拍過的老薑一起燉煮的。

　　小菜有古早味的滷鴨蛋和豆干，另外還有豬頭皮、
豬腸、腱子肉、豬腳和豬尾巴等等，也有白切的三層肉和
豬肝。東西數量都不多，但是都處理得非常乾淨，味道也
中規中矩，沒多加調味。

　　老麵店據說已有數十年，是第二代和第三代接手，
店舖位在這樣偏僻的巷弄，大多是老客人、騎著機車的、
買菜順道過來的，還有住在附近的學生，大家都和老闆很
熟的樣子，實在是一間既好吃又親切的小店啊。

老麵店
地址／台北市中正區迪化街二段 215 號之 8（近民族西路和延平北路口）
電話／(02)2598-1388
營業時間／09:00 ～ 19:00，週日公休

艋舺阿龍炒飯／麵專門店

　　艋舺阿龍這名字聽起來就很猛，如果說這裡賣的是炒飯炒麵的專門店，怎麼想都很相合。每回站在廚房門口，看師傅單手翻鍋炒飯，兩、三個小時不知翻過幾百次，那身手真不是普通人耐得了。

　　阿龍炒飯在二〇一三年蕃薯藤網站票選的全台十大美味炒飯之中排名第六，小小的店有如此成績，表現真不錯。阿龍炒飯每天大約備有二十種不同口味，另外還有燴飯、炒麵和湯麵，以及五、六樣家常菜。菜單有點小複雜，但廚房裡往往就只有一位大廚和一位助理，助理負責點菜端菜抓碼，不過所有食材都以一人份備好，基本上是每一盤飯每一盤麵都單獨炒，最多兩盤一起炒，據老闆

說，炒飯的訣竅就在於少量，量太大就難炒得粒粒分明。

炒飯的味道以燻雞、燻培根、臘味和香腸為作料的口味比較重，櫻花蝦、鮭魚炒飯則是人氣排行，牛肉、豬肉、羊肉、蝦仁炒飯是基本款，有些吃慣了的熟客，反而喜歡最簡單的菜脯炒飯和高麗菜炒飯。這裡所有的炒飯都加了蛋，但調味有好幾種選擇，原味、沙茶、番茄、咖哩，如果不特別交代，就都送上原味。

炒麵部分有油麵、米粉和白麵條三種選擇，湯麵之外更多加了一種湯

飯。什錦麵口味真的非常有古早味，包括肉絲、蛤蜊、魚板、青菜等炒麵。只是炒麵不宜外帶，外帶回去麵條就都糊掉了。如果不想只吃麵或飯，可以選家常菜套餐，最下飯的醬燒回鍋肉套餐，回鍋肉裡面加了酸菜、青椒和豆干，再放上一個荷包蛋，配上一碗白飯，每個人都吃到

盤空碗空。至於木須蛋、五味白肉、獅子頭、高麗菜燴花枝、薑片燒豬肉、現炒青菜等，每一種套餐都有肉有菜，很適合不煮飯的單身客一個人享用。

　　進門口有一鍋免費喝到飽的湯，內容每天都不一樣，冬天的酸辣湯、蘿蔔魚丸湯最受歡迎，夏天的筍湯、排骨湯都好喝得不得了，運氣好還有現釣的活蝦熬煮的海鮮湯，老客人走進店裡都先去掀鍋蓋看看，湯鍋旁還有醬瓜也是可以隨便取用。

　　這間炒麵炒飯專門店位子不多，用餐時間不論內用或外帶都大排長龍，建議稍微錯開用餐時段，但是太晚去，可就什麼也吃不到了。

艋舺阿龍炒飯／麵專門店
地址／台北市萬華區西園路一段 230 號（捷運龍山寺站一號出口斜對角）
電話／0987-887-440
營業時間／11:30～14:30，17:00～20:00，週日公休

柳州螺螄粉

　　很多人搞不清楚什麼是螺螄，其實就是石螺，一種生長在河裡的小螺。這種小螺肉現在已不常見，但在四〇、五〇年代，電影院門口，老先生挑著擔子賣著用醬油和辣椒醃過的螺螄，用報紙裁捲成一個小甜筒的包裝袋，裡面裝著一把鹹鹹辣辣的螺螄。看電影的時候，一邊看一面掏出個螺螄，放進嘴裡用力一吸，將螺肉吸出來，外殼就往椅子底下一丟，這是看電影時很常見的零食。但隨著時代的進步、衛生的改良，這種螺螄小點早已不復見。

　　用螺螄熬湯煮米粉，想當然湯頭也一定鮮甜，在中國廣西桂林和柳州一帶，螺螄米粉是庶民小吃。一位嫁來台灣的柳州媳婦，就在台北艋舺地區，開了一間小店，專做螺螄米粉，加入自己發酵的酸筍、酸豆、酸菜、豆皮、花生、木耳、青菜和滷過的大腸頭或牛豬肉，做出一碗碗酸酸辣辣的柳州螺螄粉，滋味絕妙。

　　米粉吃起來頗為爽脆，是老闆娘的哥哥在柳州製造生產，和台灣的米粉在口感上很不一樣，老闆說他們曾經請新竹的米粉廠代工，但是業者表示，不論是材料或天候都和廣西不同，無法做出一樣的東西，因此他們只好仰賴進口。至於湯頭裡的靈魂主角「螺螄」，則是來自台灣南部河川裡的石螺。老闆娘每天早上都要處理熬煮新鮮的螺

蚵湯頭。不過台灣人的口味和柳州人相差頗大，因此在調味方面，酸和辣的成分則降低很多，小店餐桌，置放了來自柳州的道地辣油，和一罐調配過的白醋，客人可以依各人喜好添加。

　　店內原本提供多種家常小菜，但是後來米粉做出名來，狹小的廚房不能處理太多不同類別的東西，因此將產品單純化。除了大腸、豬肉、牛肉螺蚵粉，還有青椒番茄拌粉，將醃過的番茄和青椒及花生加入香菜和米粉拌勻，滋味也極為鮮美。另外還提供韭菜和高麗菜兩種湯餃，也很有風味。此外尚有廣西著名的龜苓膏，吃完重口味的螺蚵粉，來上一碗剛好均衡一下。

　　柳州螺蚵粉已經打響名號，每天開店到打烊人潮不斷，二〇一三年又在中和開設了分店。

柳州**螺蚵粉**
地址／台北市萬華區艋舺大道 200 號（萬華店）
電話／(02)2306-1636
營業時間／ 11：00 ～ 21：00

地址／新北市中和區景平路 738 號（中和景平分店）
電話／(02)2247-5707
營業時間／ 11：00 ～ 21：00

大理街排骨麵

　　這間店有四十多年的歷史，在不起眼的街角，雖然搬過家，但總在同一條街上。它的營業時間很特別，原本是為了提供清晨工作的人肚子餓時補充體力，但是古早味的簡單餐點，反而吸引了很多聞香前來的懷舊客人。

　　店門口一個煮麵的擔仔，隨時蒸著熱氣騰騰的排骨酥和肉粽。其實店裡就只有提供幾種食物，排骨麵、肉羹麵、乾麵、青菜、肉粽及一些小菜。

　　肉羹麵比較沒太多特色，芡汁太濃我不是挺愛，但我喜歡它的排骨酥和乾麵。乾麵的做法是白麵條配上那種不辣的台式粉紅色的辣椒醬和油蔥酥，當然也有一些豬油味兒。在五〇、六〇年代，隨便的街角都可以吃到這種台式乾麵，但是現在的台北，要找到這種古早味的甜醬拌麵，還真是不容易呢！一吃之下，還真有點思古幽情，雖不是媽媽的味道，但可是當年街頭小吃的味道啊。

　　排骨酥的做法也很傳統，先用醬油五香和糖醃過，再沾粉下鍋炸至外表金黃，然後放入

　　小蒸籠裡蒸透，要吃的時候，從蒸籠直接取出倒入碗裡，
淺褐色的排骨湯香氣誘人，排骨肉質雖然一般，但裡面的
冬瓜可是美味極了，吸飽了排骨的油脂和香氣，使得整碗
麵湯都香噴噴，當然麵條也可以換成米粉。

　　此外還有一些燙青菜和小菜，小肚及嘴邊肉等等，
基本上，我是衝著排骨酥和乾麵去吃的，其他可有可無，
搭配著享用啦。

大理街排骨麵
地址／台北市萬華區大理街 93 號
電話／ (02)2336-2868
營業時間／ 02:00 ～ 16:30

牛店

　　牛店並不是老牌的牛肉麵店，提供的是雅致版的牛肉麵。原本覺得吃牛肉麵就是要小普羅一點，要豪爽痛快，但是牛店卻帶給人一種「原來精緻並不罪過，也可以很有風味」的感覺。

　　最澎湃的滿漢牛肉麵，由牛筋牛肉和牛肚組成，牛肉用了腱子的部位，橫切厚片，頗為鮮甜，牛筋軟硬適中，膠質也不會太黏，顯然在烹調時，每一部位都細心的分開燉煮，因此能將各部位都煮得恰到好處。像是難處理的牛肚，依然保有原本的彈性，但是並不過軟爛，而且就算牙齒不好也能咀嚼。至於清色的原味湯底，沒有用多餘的香料調味，鮮美香甜。至於主角麵條，依客人喜好可以隨意選擇（週末日只供應細麵），但即使是細麵也略帶粗，並不是南方人的細麵，是北方的細麵條。

　　店內的極品滿漢牛肉麵或極品牛肉麵，是紅燒口味，點餐後才以小銅鍋一碗一碗加熱，但醬料味很清淡，完全沒有被五香或醬油味遮掩，牛肉和麵條是分開來盛裝，麵條仍以牛高湯為底，再用自己喜歡的吃法，把牛肉倒入湯麵之中或把麵條拌在牛肉醬汁之中。另外還有用牛骨髓製作的獨門醬料，雖然不加也夠味，但這醬料本身調

配得極好，值得一試。

　　如果喜歡有點重口味的，牛肉椒麻拌麵是招牌。麵條上加了洋蔥以及綠蔥和碎牛肉，之後淋上椒麻醬汁，醬汁辛辣味有幾種等級，吃起來又香又麻。小菜每一種都很用心，蘭花干是最叫座的，味道剛好不會滷過頭。牛腸和滷豬耳，調味都恰到好處，不會過重也不會過爛，而辣椒醬也頗具風味，不是罐裝的機器製品，全都手工處理。連小配料都自己做，真是用心的主廚。

　　其實我對牛肉麵的挑剔原是頗為過頭的，大部分時候都把牛肉麵當作填飽肚子的食物，但是牛店卻是讓我願意特別為它跑一趟西門町，因此時不時就殺去一趟。牛店店內不大，用餐時間都大排長龍，以前還供應特製酢醬麵，但近來人手不足，已經暫停供應，據說味道也極雅致，希望以後還有機會吃到。

牛店
地址／台北市萬華區昆明街 91 號
電話／ (02)2389-5577
營業時間／ 11:00 ～ 21:00，週一公休

新北市

兄弟食堂

　　年輕的時候，很多個夏天都在台灣北部的金山海邊
參加露營活動，也因此常在海灘埋鍋造飯，根本不知鎮上
有什麼好吃。後來金山鴨肉出了名，觀光客絡繹不絕，反
倒讓我失了興致。多年前一位朋友介紹我去這間兄弟食
堂，但是想著少年時代的金山，就覺得一定要選個風和日
麗的好天再去，就這麼一拖數年，直到另一位朋友再度提
到這間餐廳，結果連著幾回去吃都碰上雨天，除了大吃一
頓，完全沒有到海邊緬懷少年往事的浪漫心情，看來自己
是真的老朽到只顧著吃飯。

　　墨魚香腸是這裡的招牌，以墨魚和黑色的墨魚汁做
成的香腸，經過半煎半炸，表皮酥脆，口感非常特別，配
著清蒜下酒下飯都好。客家式曬乾的花椰菜炒滷過的大
腸，也是另一道風味菜色，脆嫩的花菜乾和滷過的大腸燴
煮一下，不知道這兩種食材為什麼那麼合，花菜乾剛好解
掉了大腸的油膩，味道也變得超美味。

　　店門口冷凍櫃裡面有很多現撈的海鮮，鮮魚、紅
鱒、軟絲、沙蝦、蛤蜊等等，依種類不同以蒸或煎或水煮
或爆炒的方式烹調，一旁木盒製的蒸籠不時冒出熱氣，看
著就引人食欲。而一般台式海產店的紅燒魚鰾、豆豉蚵

仔、清蒜鯊魚、芹菜鵝腸、煎豬肝、炒螺肉……舉凡海鮮店的熱炒，不只食材新鮮，火候與勁道都十足，青菜也大多細嫩有滋味，一盤接一盤，痛快淋漓。

兄弟食堂有兩間頗大的店面，是由三兄弟合夥經營。一間就在金山警察局對面，提供小吃和團體客人，另一間是婚宴專門店。我一向不大喜歡吃桌菜，事前做好的冷盤那些成品，看起來就一般般，現點的熱炒才過癮，但有些辦桌大菜還是要預訂才吃得到，例如說魚捲西滷肉，在台式的西滷肉之中又加入手工魚捲，不僅味道相合，又多了漁港的特色呢。

兄弟食堂
地址／新北市金山區金包里街 2 號
電話／(02)2498-6458
營業時間／11:00 ～ 21:30

蘆洲鵝媽媽鵝肉小吃店

　　台灣小吃之中，鵝肉永遠佔一席之地。小時候到台北西門町看電影，最享受的就是到鴨肉扁吃一碗米粉，以前一直不解為什麼吃的是鵝肉卻稱鴨肉扁，原來這老店早年賣鴨肉起家，後來才改賣鵝肉，店招牌出了名也就不用換了。因著舊時記憶裡的好滋味，從此愛上鵝肉，到處尋訪好吃的鵝肉和米粉。

　　前陣子聽聞在新北市蘆洲湧蓮寺旁邊有四十年歷史的鵝媽媽麵攤，第二代在大街上開了新店，決定要去試試看。鵝媽媽老店的滷水鵝非常好吃，但是因為在市場邊環境不佳，不方便推薦，因此對它的新店抱以很高的期待。何況捷運蘆洲線又通車了，到蘆洲變得非常方便，因此連續拜訪好多回。幸好這間新的鵝肉小店，有了鵝媽媽加持，不因為第二代就有不一樣的做法，味道依然頗忠於原味，只改善了用餐環境，這是我最喜愛的老店新開。

鵝媽媽的鵝肉分鵝腿鵝胸和鵝背，我常吃帶骨的鵝背，鵝翅和鵝腳更是精采，肉嫩多汁，真的做到不柴不澀。不論是原味的滷水鵝翅或是煙燻的做法，都吃得出鵝肉的鮮甜和香氣，原味鵝肉比較淡雅，煙燻鵝肉則帶有蔗糖的甜味。鵝內臟部分可以將鵝腸和鵝胗做成下水湯，或是佐以特製的甜醬做白切。

　　那麼鮮甜的鵝肉，原出生地是來自台灣鵝的大本營雲林縣，選用的品種是白蘿曼鵝，一隻大約七點五台斤重，肉質比較嫩，水煮的時間火候當然是關鍵。至於麵條部分，除了有蘆洲本地著名的切仔麵和米粉，還有意麵、粄條、冬粉等多種類可以選擇，更特別的是鵝丸湯，不同於貢丸用豬肉做成，鵝丸是用鵝肉做的，口感不澀，別有一番風味。

　　鵝媽媽的新店營業時間從早上十一點就開始，大約賣到下午六七點左右，老店是下午兩點半開始營業，也只賣到七點左右賣完為止，我好多次太晚過去，都只剩鵝腳和鵝翅部分，所以吃美食也要請早噢。

蘆洲鵝媽媽鵝肉小吃店（原蘆洲廟口第二代經營團隊）
地址／新北市蘆洲區中山二路 16-1 號（捷運徐匯中學站二號出口）
電話／0928-555-232
營業時間／11：30 ～ 20：00，售完為止

五福小館

　　五福小館是傳統的老粵菜，在台北，粵菜館雖然不少，但是大都以港式海鮮等大菜為主，口味地道的傳統粵菜卻愈來愈少。

　　這間小店由擁有三十多年經驗的香港老師傅劉宴汶掌勺，他的長輩也就是從前知名的楓林小館主廚，因此這裡保留了若干楓林小館的老菜。

　　像是招牌的芋泥鴨，做工十分繁複細緻，鴨子要先醃過後蒸熟再去骨，再加入用豬油拌過的芋泥，才能下鍋油炸，炸透後的芋泥鴨，把鴨油及豬油的香氣融合在一起，不用沾醬，單吃原味就很好。酸嗆羊肚絲，羊肚燙得口感恰如其分，配上大量的綠豆芽，再拌上酸醋醬汁，十足是一道粵式沙拉，十分清爽，另一種做法的蔥油毛肚，同樣讓人忍不住一口接一口。

　　油炸類的鹽焗中蝦，蝦皮炸得酥脆，蝦肉仍多汁有彈性。至於脆皮雞，外皮塗了麥芽，再用

油淋上去，油溫掌控很剛好，因此保留了鮮甜的肉質。京都排骨則是先炸排骨後去油，再回鍋調味，味道也經過改良，吃起來不那麼油膩。蠔油牛肉火候不錯，螃蟹或草蝦粉絲煲，當然也是人多時必點的菜色。

至於現在很少廚師做的瓊山豆腐，以蛋白做底，混合著干貝的鮮甜，簡單中有滋味。家常的鹹蛋蒸肉餅則做得非常夠味，選用的蛋黃帶著沙沙的口感，雖然有點油，但和荸薺及豬肉混合打過，蒸熟後配飯剛好，只是一不小心就吃下一大碗飯。可是儘管吃了大碗白飯，這裡的廣東炒飯還是一定要吃，粒粒分明的香米加上蝦仁、臘味、雞蛋，火候足卻一點也不油，當然肝腸和香腸的臘味拼盤，煙燻味香氣可是非常非常的誘人。

最後再來上一碗現在餐館裡也少吃到的西湖牛肉羹，然後可以撐著飽飽的肚子去趕捷運。五福小館雖然地點離台北市中心有點遠，但距捷運站很近，其實是頗適合家庭或朋友聚餐的場所。

五福小館
地址／新北市新店區中華路 32 號（近捷運新店市公所站 1 號出口）
電話／(02)2918-0586
營業時間／11:30 ～ 14:00，17:30 ～ 21:00

紅辣椒川菜

　　這幾年台北好像沒有什麼新開的道地川菜館,有些知名的川菜,不是變成給觀光客吃的奇怪口味,就是大賣砂鍋,好吃的川味小菜都不知去哪兒了。

　　新北市板橋近年開了一間平價川菜館,才沒幾個月,就頗受到歡迎,幾乎天天客滿。我問師傅,您打哪兒來,他說成都啊,接著嘻嘻笑著說,娶了個台灣老婆,就來這裡啦。師傅原在成都就開餐館,婚後來台灣定居,先吃了大台北的各式小館,發現沒什麼川菜,就決定走他的老路子。師傅說他從小做這行,從湘菜粵菜到川菜,難怪菜單上面還有些其他的菜系。

雖說川菜給人的印象是又麻又辣，但是厲害的是每種麻辣都不一樣，難怪成都是中國的美食之都，師傅說，麻辣也是要醇香而不是燥口。難怪他做出來的夫妻肺片的椒麻，愈吃愈有味，至於簡單不過的熗鍋包菜，在大陸稱手撕包菜，更是甜中帶著香氣。成都名菜口水雞在這裡，雖然食材用得不是很講究，但醬汁調得高明，酸味、麻味和辣味，調和出一種濃醇的風味。

餐廳牆上寫著一張基本的菜單，其中叫好的是熗鍋鉢鉢魚，鉢鉢魚也就是水煮魚，用的是細嫩的草魚肉，在鋪滿草魚薄片的底部襯了小黃瓜和黃豆芽，再淋上辣油，被辣油燙熟的草魚吃起來還頗鮮

甜。我問師傅說，你的辣油怎麼不夠油，師傅說，你們台灣人一直說不要太油不要太鹹，我下手就輕了幾分，你想吃老滋味，一定要先交代一聲。

濃汁酸湯魚味道和貴州不一樣，用蔥、薑、蒜與大量發酵的酸菜熬煮。剁椒魚頭則十分入味，魚頭一定是要好好啃下去的。水煮牛肉用的是台灣牛，厚切卻軟滑細嫩。川菜的基本款之一，干煸四季豆，碎肉末和四季豆都煸得夠透，加上乾辣椒和花生、大蒜，真是夠味。我最喜歡的是乾爆鹽煎肉，五花肉煎得夠乾，加上青椒和大蒜苗等等香料，鑊氣十足。

這間小館有兩層樓，雖然服務生不多，但親切有禮，酸湯魚或缽缽魚端上桌都會提醒客人魚肉裡面有刺，吃不完的剩菜，都為大家打包。那些湯頭佐料，加把冬粉加塊豆腐，回家又是一盤好料。

紅辣椒川菜
地址／新北市板橋區民權路 180 號
電話／(02)2966-8622
營業時間／11:30 ～ 14:00，17:30 ～ 22:00，週一公休

阿生小館

　　家常小館對於每天的尋常生活實在很重要，但隨著地價愈來愈高，要在台北市區裡找到幾間家常小吃店，突然變得有些難度。一回朋友帶我到他家附近的台菜熱炒店說是小吃，但是朋友事前先和老闆商量，預備了比平常小店更豐富的菜餚，實在是讓人一吃成主顧，讓我有時候上上下下轉捷運就為了跑去小吃一餐。

　　我喜歡老闆做的什錦麵，香菇、肉片、花枝、蝦仁、豬肝等等尋常材料，卻入味鮮美。類似材料的炒什錦，也同樣清爽好吃。一般的炒芥藍、炒花椰菜梗、炒絲瓜或青蒜肉片，都可以說是火候足不油膩。即使是很普通的蔥花炒蛋也炒得相當軟嫩，至於重口味的青蒜肉片、沙茶牛肉、魚香茄子、蠔油雞片、薑絲大腸、家常豆腐等等，也許食材不是很高檔，但調味並不會太過頭。

　　海鮮類如乾煎魚或紅燒魚或是清蒸也都有水準，蚵仔酥、紅糟肉、是喝啤酒的好料。至於三杯雞我覺得勝過油蔥雞；麻油腰花或加雞肫和肉片以及芋頭燉豬肉好有古早味。店裡菜色很多，除了菜單，牆上也貼了好多當日的鮮貨。

　　阿生小館原來開在永和文化路的小巷弄裡，面積只有幾坪大，原本以賣便當和快炒小吃為主，後來一度搬到

南部，沒出兩年，又回到永和，搬到文化路邊，擴大了店面，價位大致仍維持原有的水平，很多街坊鄰居常來買幾個外賣菜或便當，好吃又實惠。其實老闆阿生原是大飯店主廚，自己開店則選擇了很不一樣的方式，自營小店除了在社區做出名號，也有不少遠道慕名而來的吃客，但是原本以家常小吃為主，宴客最好先預約，否則可能點了一桌子菜，卻沒有重點，起承轉合會有些奇怪。

阿生小館
地址／新北市永和區文化路 97 號
電話／ (02)2928-0347
營業時間／ 11：00 ～ 14：00，17：00 ～ 20：30，週一公休

第二章
宜蘭基隆嘗海鮮

幾乎每隔半月一月，我就從台北往宜蘭方向跑，行車路線偶爾也經過汐止、基隆、南方澳一帶，除了找小吃，就是去買海鮮。買海鮮不全然為了自己，更重要的是為了我家裡的三隻貓。因為我家貓咪嗜吃四破魚，但是這種從前很容易在全台市場買到的賤價魚，現在不但貴得嚇人，也不易見到。所以我也常到台灣北部和東北部的漁港或市場去找四破魚。

　　因為常跑宜蘭、基隆，自然對當地諸多美食有了探究的興趣。其中海鮮當然是濱海城市的重頭戲，有時候在南方澳漁港旁的海鮮店用餐，海鮮大致上都很新鮮，做法比較不大講究，調味料和配料下手太重，蔥薑蒜放太多，往往吃了幾次都同一個味兒，就有點失了興致。但南方澳漁港的漁貨精彩豐富，很值得去逛一逛。只是那裡海產品質良莠不齊，想買到好貨，最好要和固定的攤頭建立關

大溪漁港廟口海產店

係，雖然擺在攤子上的漁貨看起來好像剛從船上送下來，但其實很可能並非本港漁貨，有的是冰凍太久或是被處理過的海產。

除了南方澳，另一端的頭城大溪漁港也頗熱鬧，只是如今觀光客太多。大溪漁港口的廟口海產店是我覺得頗有特色的海鮮店，沙母粥味道鮮美。至於宜蘭市區裡面，幾個傳統市場也是必然探索的地方，往往我在這裡買到不錯的鮮魚，其中市場裡的小吃店也很吸引我，像賣麵的一香飲食店和隔壁的小吃店四海居。四海居是台式熱炒店加黑白切，菜色種類不少，味道也好。街上的幾間福州麵店，都是常去的小店。宜蘭的福州麵店有跡可循，早期的福州移民加上外省老兵的組合，形成了一些加賣滷菜的福州麵店及豆漿店的融合餐飲風格。有時也到礁溪、壯圍或員山吃海鮮或小吃，員山街邊有很多賣魚丸米粉的小店。

當然宜蘭還有不少賣鴨賣鵝肉的小店，甚至新興的桶仔雞，都值得一試。我有時到礁溪火車站附近中山路二段的姚雞莊外帶一隻燻雞回家，一路上車子裡充滿著煙燻的香氣，真叫人飢腸轆轆。至於那些觀光名店，幸好很久以前就去吃過了，如今可以免去了排隊等候。

基隆的幾個傳統市場也是我會去的，仁愛市場信義市場都有很多東西，只是環境不算很乾淨，比較不敢帶朋友去，不過信二路的兩間早餐店是常光顧的。離基隆夜市不遠的康師傅是我在基隆吃海鮮的基地，雖然價格有點貴，用餐環境也太簡陋，但比起另外幾間人聲鼎沸的名

左／姚雞庄　右／四海居

店，我更為喜愛。

在汐止的傳統市場邊，有一間汐止米粉湯店，活力十足，小菜選擇多樣，以炸物為主，炸鮮蚵、炸紅糟肉、炸雞捲、炸豆腐，最出名的是炸燒肝，另外還有黑白切和椒麻雞。為避免人潮，我也總是選擇大清早一開門就衝進去。

汐止、基隆、宜蘭的傳統小店多，老屋新裝吃創意菜的餐廳也不少，只是如果問我喜歡哪一種，我寧願坐在雜亂的市場裡吃小吃，不太愛到那些講究裝潢和器皿繽紛的時髦餐廳。我享受那古早的宜蘭味，混雜著生活、文化、歷史痕跡的尋常小店。

姚雞庄
地址／宜蘭縣礁溪鄉中山路二段 158 號
電話／ (03)988-1265
營業時間／ 07：00 ～ 18：00，週一公休

四海居
地址／宜蘭市康樂路 137 巷 9 號
電話／ (03)936-8098
營業時間／ 09：00 ～ 16：00，隔週週一公休

大溪漁港廟口海產店

　　到宜蘭出名的大溪漁港吃海鮮，朋友推薦我一定要去試一家海產店的沙母粥（螃蟹粥），這間店做的沙母粥和其他店家不同，但一定要選對季節。偏偏這二〇一一好年份，天氣遲遲不冷，直到十一月中下了幾場雨，才終於聽到魚訊說沙母夠肥蟹黃油脂夠多了，因此短時間和朋友數次奔走宜蘭吃沙母，果然一次比一次好吃，一次比一次肥美鮮甜，等待真是值得的。

　　以沙母粥聞名的這間海產店，開幕不過十多年，稱不上老店，網路上評價這間店呈兩極化，以單點的傳統吃法大多獲得讚美，以創意海鮮和合菜的吃法，得到的負面批評就比較多。反正我對創意菜從沒有好感，不致落入陷阱。其實吃海鮮最好就是當令海產，

簡單烹調，不要過多的調味和擺盤，修飾過度反倒容易弄巧成拙。因此最好的點菜方式就是直接站在水缸前面，看什麼新鮮就吃什麼。

雖說沙母四季都有，但無疑秋冬是最好吃的季節。以整隻大沙母，加上豬脊骨熬的湯頭煮粥，點點蟹黃浮在表面，端上桌來紅色的蟹殼襯著蟹黃，間雜切得細細的魚板，真是漂亮。一口喝下米粥，米的甜味加上沙母的鮮味，真是精采的組合。

醃漬小九孔以蒜頭提味，九孔鮮美肥嫩。這裡的吻仔魚以豆腐乳醬汁調味，不過響應我那位愛潛水愛地球的外甥在他婚禮上的呼籲，我就捨棄吻仔魚這一類魚苗不吃，改而選擇宜蘭當地繁殖快速的海菜涼拌。花枝捲是用了雞捲的做法，炸得好吃不油膩。肉質鮮美的烤軟絲吃起來有嚼勁，適合配點啤酒。乾煎九孔這道菜我從未在

其他地方吃過，老闆說是客人教他的，意外地好吃。至於清蒸或乾煎季節鮮魚，火候都沒話說。

這間名為廟口小吃海產店，要價不算便宜，但可不要為了省事省錢就吃桌菜，那就失去大老遠跑到港邊吃海鮮的意義了。

大溪漁港廟口海產店
地址／宜蘭縣頭城鎮濱海路五段 212 號
電話／(03)978-2038
營業時間／ 11:00 ～ 19:30，每月第二、第四週的週二公休

一香飲食店

在宜蘭市區街頭，有一條街，竟然三、五步的距離就有一家賣麵的小店，主要賣的是麻醬麵和炸醬麵及餛飩湯、魚丸湯。也許因為早期有不少軍隊駐紮於此，因此在傳統的福州麵之中，加入濃濃的眷村味，形成這樣融合了不同口味的小麵店，其中最受歡迎的就是麻醬麵。

麻醬麵簡單不過，用芝麻醬和糖、醬油、豬油調和，做成淋醬，再和撈過的白麵條拌在一起，這是早期眷村裡的家常餐點。如果家裡沒什麼菜，隨便撈個麵，淋點芝麻醬也是一餐。

不過這芝麻醬可就各家風味都不一樣，有些偏甜，有些醬油味重，有些芝麻醬的焦香味重。做為淋醬基底的芝麻醬的種類，以白芝麻醬佔多數，也有黑芝麻醬和白芝麻醬混合式的調味，大致說來風味都不差。我個人偏愛的一間小麵店，則是位在宜蘭市傳統市場北館裡面

的一香飲食店。

　　這間小麵店很不起眼，店門口有一個煮麵的攤子，擺著一張長板凳，坐著幾位中年男女在包餛飩，店內面牆一排小圓椅，對面另有一些座位，其間還停放著摩托車、雜物等等，很不像個店面。

　　牆面上貼著一張菜單，基本上就麻醬麵、炸醬麵、餛飩湯、魚肉丸湯幾種組合。只見老闆一碗一碗下麵，麵條帶著點福州麵的風味，用的是細的白麵條，但不論麻醬麵或炸醬麵吃起來都很清爽，味道十分淡雅，麻醬中帶著香氣，炸醬的豆瓣味道也不會太重。賣麵的阿婆說，他們全都自己手工拌炒，不是從批發店買來的現成醬料。

　　餛飩和魚丸也都是自己手工做的，遵循福州餛飩的傳統，每天用溫體豬的胛心肉加上醬油和少許鹽，不加蔥薑，現做現賣。包餛飩的阿婆說，這餛飩皮可是福州人做的，皮薄滑順，用手輕

輕一捏，一秒鐘包一顆，每天要包上數十斤。

餛飩輕燙一下就熟，放在大骨和蝦皮熬煮的高湯中，撒一點自己炒的油蔥酥和芹菜，另外再配上一碗麻醬麵。麻醬麵的做法是先在碗裡放一匙麻醬，再加入半碗大骨湯，麵條燙熟後放進碗裡攪拌，三、兩下就把醬汁吸進麵條裡面，變成一碗香氣十足的乾麵。一口吃下，清爽中帶著醬香和麵香，簡簡單單，卻是許多人從小吃到大的美味回憶。

芝麻醬和炸醬及魚丸和餛飩都可以外賣，老闆說，自己煮麵時，用一半的芝麻醬和一半炸醬混合調勻拌麵，有特殊的風味，更好吃呢。

一香飲食店
地址／宜蘭市康樂路 137 巷 7 號（北館傳統市場內，老元香斜對面巷口進入）
電話／(03)932-3289
營業時間／05：30 ～ 17：30

康師傅海鮮

　　這一位康師傅，可不是賣泡麵的康師傅，二十多年前他就在台灣基隆夜市不遠的地方，開了這間外觀看來像小吃店的海鮮店，並不是一般海鮮熱炒小店，雖然環境有點零亂，但是菜色絕不馬虎。店內所有食材，都是康師傅每天凌晨到漁市去採購的，品質相當好，烹調也很講究，有些傳統的台式技法，也有潮汕風格，更有自創的菜色，但不論是什麼菜系，對海鮮的處理手法，都有一定的水準。我常帶不同地方來的賓客到這家店痛快吃海鮮，大部分都很滿意。

　　生魚片鮮度和溫度都好，視季節有不同的搭配，台味的蛋捲壽司，在蛋皮裡捲入軟絲、鴨肝和生菜，有時是蟹肉或蝦仁。「龍蝦粉絲煲」是小店招牌菜，大量的蒜頭爆香後和龍蝦及粉絲去煨，吸飽了蒜香和龍蝦膏的鮮甜粉絲，是這道菜的主角。而避風塘螃蟹最精采

的是爆香的大蒜酥，大蒜爆得非常乾而且脆，間雜了花椒
和辣椒香氣，螃蟹吃完後盤子裡剩下的蒜酥，還可以添加
在烏魚子炒飯上，風味無窮。另外還有蟹膏拌麵或將蟹膏
做成肝醬一樣的方式，再搭配著法國麵包吃，不過我有時
覺得這種吃法雖然美味，卻太容易膩。

　　康師傅的煎魚手藝也是一流，馬頭魚或赤鯮在起鍋
前淋上一些白蘭地，增加誘人的香氣，另外有一些爆炒的
菜色，如炒龍腸、炒透抽、炒魚片、炒雞肺、腰花等等。
夏天有時可以吃到基隆馬林坑的竹筍，馬林坑是出產陶土
的地方，土好水質好，出產的竹筍纖維多但是吃起來卻很
甜嫩，快炒涼拌或做湯都好吃。

　　到這裡用餐最好事前預定，告知大致預算，康師傅
說，新鮮高檔的海鮮成本愈來愈貴，他希望客人吃他的菜

而不是裝潢，雖盡量壓低價格，但是要吃到新鮮的海產，無論如何也難達到平價的要求。店內牆壁上貼滿了各式菜色的照片，竟然都是康師傅自己拍的，他曾是開過相館的攝影師，近年來康師傅有點小中風，不過談起做菜的熱情，卻絲毫不減初衷。

康師傅海鮮
地址／基隆市仁愛區精一路 40 號
電話／(02)2424-3526
營業時間／17:00～21:00，週一公休

周家豆漿店

　　週末的時候，我常到漁港買海鮮，路過基隆先去享
用一頓豐美的早餐，再往海港前進。最常光顧的早餐店是
兩家老字號的蔥油餅店，相隔不過一個街角的「知味園」
與「周家豆漿店」。這兩家小店的蔥油餅、豆漿、陽春
麵、餛飩湯，看來是師出同源，但這樣組合的早餐，在其
他縣市卻少見，可能是特殊的地域性所發展出來的。基隆
因為是漁港，早期有不少跑船人，還有四九年來到台灣的
公務員和軍人，因而產生了這種組合特異、說不出是哪一
個區域的早餐店。

主打的蔥油餅巴掌大，有點厚度，麵糰用燙麵和成，加上蔥花後捲成螺旋狀，下鍋時稍微壓扁，在鐵板上煎至半熟，然後送進烤箱烤到金黃。雖然麵餅吃起來比較沒有層次感，但這種先煎過再烤的兩段式做法，能保持內部的柔軟濕潤，而外表酥脆不油膩。

　　餛飩湯也簡單有味，純豬肉的餡料用一張超大的餛飩皮捏合，吃起來像花瓣一樣層層疊疊的餛飩皮，和肉餡的比例剛剛好。而我最喜歡的乾拌麵，僅加了少許酸菜，吃起來好爽口，或是再加上一個荷包蛋，淋兩滴白醬油，也仍然不失純樸。

　　這兩家店原本我是輪流著去，但二〇一三年「知味園」暫時休業，據店家表示，先休息一陣，一定會再開張的，屆時希望老顧客能再光臨。由於「周家」本來生意就極好，「知味園」休息，排隊人潮就更多了。大清早到這樣充滿生命力的小店吃一份熱騰騰的早點，一整天的元氣似乎都足夠了。

周家豆漿店
地址／基隆市中正區信二路 309 號
電話／ (02)2425-9988
營業時間／ 04:30 ～ 13:00，週一公休

烏龍伯七堵咖哩麵

　　咖哩飯在台灣有好幾種風格，帶甜味口感的淺黃咖哩，或是南洋風的馬來咖哩炒飯、泰式咖哩或印度各地咖哩，甚至日本式咖哩都算常見到，但說到咖哩麵就非常少見。偶爾吃到的咖哩麵，大多是混和了數種咖哩粉調出來的咖哩炒麵等夜市小吃，稱不上有什麼風格。然而像烏龍伯咖哩麵這樣有個性的咖哩風味，別地方還真找不到。

　　這碗烏龍咖哩麵，湯汁顏色不深，麵條比起一般烏龍麵更粗圓，並不是現在流行的 Q 韌口感，應該說是軟而不爛。麵條上面放著一大坨黃醬色咖哩醬，份量很多，吃的時候要自己拌入麵湯之中，不過雖然看起來醬料好多，但吃起來並不會太鹹或太辣，有些老客人還自己動手再加上一瓢呢。

　　店內就只賣咖哩烏龍麵和豆芽及油豆腐，可以組合成一碗或各自分開下鍋。不論油豆腐或豆芽分開食用，也一樣給一碗湯和一坨咖哩醬，味道不算很濃，但是香氣逼人。這碗咖哩麵吃不出來是哪種派別，血統有點像北海道的湯咖哩（スープカレー），結合了咖哩湯和台式的烏龍麵，不過卻不見北海道湯咖哩的主角馬鈴薯，

取代的是古早味的油豆腐和爽脆的豆芽菜。

　　至於湯頭則有著大骨香和洋蔥的甜味，咖哩醬則是用油蔥拌炒，有著神祕的配方。其實咖哩本來也就是混合各種風味的香料，我曾在印度旅行過幾個城市，不僅每個地區的咖哩風格不同，每個餐廳小店的咖哩味道也不一樣。這間烏龍伯咖哩麵店門口擺著大盆大盆的咖哩醬，用紗網罩著，看得出每天賣出的份量不少。

　　這間開業已有六十年歷史的老店，是由人稱烏龍伯的楊金發創業，如今已交由第三代來經營。據說烏龍伯最早是因跑船學會了做咖哩，下船後就挑著扁擔在七堵街頭叫賣，因為風味獨特而且好吃又便宜，很快就成為七堵人口耳相傳的好味道。

　　我不知道是否因為基隆有海港的緣故，和南洋有著較多的接觸，基隆有幾家咖哩風味的店舖都很特別，例如說李鵠餅店所賣的咖哩餅和這咖哩麵的風味就有點師出同門的感覺，只是做餅的調味更甜一些。此外在巷弄裡一些炒咖哩麵，集合不同的混種口味，都十分有趣。

　　烏龍伯咖哩麵目前在附近開了兩間分店，有一間營業時間和本店錯開來，但無論哪一間，每到用餐時都大排長龍。如此有趣而獨特的小吃，可能就真的只在基隆七堵呢。

烏龍伯七堵咖哩麵
地址／基隆市七堵區開元路 62 號
電話／ (02)2456-9281
營業時間／ 06：00 ～ 18：00

第三章
中台灣的美食光影

對於台中，我的美食印象除了辛發亭的蜜豆冰和自由路的太陽堂、一福堂及一心豆干，更久遠的就是江浙館子沁園春。回溯到五〇年代初，第一回到台中旅行，不論是到餐館或是隨著父親到他公務員朋友家辦外燴的館子都是沁園春。當時印象深刻的就是小籠包，因為其他菜色都和家裡餐桌上的很像。當時我也不明白為什麼大家都選同一間餐館，每天都吃同樣的菜呢？當然多年之後，我終於有點明白了，明白父母將懷鄉幽情投注在餐桌上的美好與無奈。

　　歲月匆匆，數十年過去，沁園春營業如舊，而我早已過了當時父母的年紀。雖然沁園春不再是我探索美食的必然之地，但隔個幾年還是會去吃一碗上海式排骨麵，是種懷舊的心情吧。嚴格說來，懷舊成了我在尋

有智麵店

找美食的一種氛圍，我偏愛古早味，在台中意外地發現較台北有更多的老字號，不論是外省伯伯開的小館，或是福州式的小麵擔。

　　像是三民路上有智麵店，賣切仔麵、滷菜及豬腳飯，滋味稱不上多絕美，但是氣氛溫馨且令人懷念。因為原本街弄小巷裡隨意轉個彎就有的這種小麵店，隨著

都市更新，一間一間消失，這樣還帶著古風的有智麵店，就突顯了它的角色。

　　精武路一排低矮的舊建築之中，賣餡餅和蔥油餅的，賣湖南味的小館子，賣江浙味的麵飯小店，都還存在著令人懷念的傳統滋味。像這樣把傳統滋味重新認真地做出來，最讓我佩服的是做粉圓「37豆子」的張家兄弟。

　　那一顆顆小小的、晶瑩剔透的手工粉圓，是張家兄弟對外婆的懷念與尊敬。我相信他們為因應目前環境所投入的心力，一定更甚於外婆那個年代。他們始終堅持還原本來的味道，追求更上層樓的精緻。

　　「37豆子」辛苦打拚了幾年，店面搬遷過幾次，雖然暫時只有一個小店面，只能賣簡單的幾項單品，但是仍然吃得出每一種原來的滋味。弟弟每天站在狹小的店舖內撈粉圓超過十小時，哥哥忙著做粉圓、進材料、驗貨，研究各種原料和追尋更多新知識。你真的要佩服他們，那樣的認真，那樣的相信自己，相信外婆，相信做出來的好東西。我看過他們製作粉圓，開朗的哥哥一邊搓揉地瓜粉，一邊解釋如何做出這美好的滋味，他推銷著自己相信的事物，說服你一定要吃一口，雖然一杯只賣三、四十元，但心意滿滿，不欺騙你，不欺騙自己和天堂上的外婆。

　　樂沐法式餐廳的主廚陳嵐舒，追求的是另一種極致的味覺，她畢業於全世界頂尖的廚藝學校，也在世界知名的餐館工作過。科班出身卻有自己的風格，掌握了法國菜的精神，並將很多本地食材運用在餐點內，任何細節都不

馬虎，無論主餐配酒和服務，品質都稱一流，和知名的三星餐館比起來絕不遜色，真的是台灣之光。

　　也許是台中有更多元的融合文化，閩南與客家族群自不用說，外省細分還有當年省府霧峰和南投中興新村的公務員以及軍人，當然中部地區的原住民也有很多因就學就業移居在此，同時還有曾駐防過的美軍文化，這不同族群的文化，也影響到台中餐飲業的豐富性。因此到台中探訪美食，選擇種類真是多，一會兒是老舅的家鄉味，一會兒是 JPING 主持的義大利小蝸牛廚房，或是法森小館、歐舍咖啡，還有俊美的杏仁餅和松子酥。至於出了名的第二市場，裡面觀光客多，就逃到外圍的小麵擔比較輕鬆呢。

　　搭高鐵也很難到達的雲林，很慚愧我鮮少拜訪。但那次在網路上連絡了二崙的佳美麵包店，我從台北搭台鐵到斗六，然後再經過三四十分鐘車程才到達二崙，為的就是要去探訪一間做伍仁餅的老店。

　　小店外觀不過是個社區小麵包店，走進店

上、下／Le Moût 樂沐法式餐廳

裡，狹小的空間人進人出，我們就坐在櫃台邊和老闆聊天。這間已有四十多年的小麵包店，和大多數台灣鄉下的小店舖一樣，賣的是每天供應鄰里日常的西點麵包，那些沾了花生粉的夾心奶油麵包、克里姆圓麵包、肉鬆麵包等等，但其中最特別的就是他們沒有肉餡的伍仁餅、伍仁酥和各式喜餅。那個下午，老闆告訴我他為了不隨意添加防腐劑，多年前就捨棄傳統伍仁餡的肉末和五顏六色的各種再製菓子，純粹只用堅果調製，其中的堅果大多在製作前一天才烘炒完成，以避免出油產生油味。

堅果裡面的花生，本來就是二崙當地的特產，佳美的第二代媳婦小敏，也在她的部落格上清楚地描述了他們

佳美麵包

沁園春　攝影／陳建宏

如何曬花生、炒白鳳豆、做豆沙、做餅皮，如何尋找最好最適合的食材。他們更不斷研發新的產品。第二代年輕人還辭掉原本不錯的工作，回到家裡從頭學起，希望能傳承父親的手藝。我看著他們一家那麼認真那麼努力、那麼和氣地工作著，心想這就是我們在找尋的台灣味，認認真真的做著每一個細節，數十年來，安定的在小鎮上生活、工作，一刻也不馬虎，從來不想便宜行事混水摸魚，每個環節都扎扎實實。

　　佳美麵包的一家人，37豆子的張家兄弟，樂沐的陳嵐舒和她的夥伴們。他們做的東西雖不一樣，工作的態度卻是一樣的，嚴謹認真，不放過任何一個細節，品嘗美食，你無法不被他們感動著。

沁園春
地址／台中市中區中正路 71 號
電話／ (04)2220-0735
營業時間／ 11：00 ～ 21：00

37 豆子甜品

　　我是在電視上看到有人這樣做粉圓，辭了台北音響雜誌社編輯的工作，專程回家學這手藝。一看那報導，我就被感動了，特別趕去他新搬遷到台中的店，雖然早就預期可能精采，但是一吃仍然驚為天人。

　　細緻飽滿幼嫩的粉圓一顆顆在口中爆開，如果說它Q彈，那是太粗魯的形容詞，你可以感覺到它的柔美和優雅，不過是粉圓耶，街頭到處都有的簡單點心，但這一碗是你想像不到的完美。一顆顆簡單的粉圓，可以帶給你無比的想像，不過是地瓜粉做出來的小圓子，但是一口咬下去，糖蜜的滋味混合著地瓜的香氣，被緩緩帶出來。粉圓彷彿是舒伯特的音符，輕盈而順滑，在口中跳躍著，如此不可思議的粉圓，是當初看電視所無從想像的滋味。

　　再喝另一款奶白色的杏仁茶，有著天然的杏仁香，不同於香精的人工氣味。豆漿和豆花則比一般的顏色更深，老闆說是因為增加了黃豆的比例，所以口感也不一樣。此外，還有洛神花茶，味道在口中醞釀，一層一層的湧上來，像喝到一瓶好的葡萄酒，頗具層次。冬瓜茶也饒富韻味，明顯的有著濃濃的冬瓜味和淡淡的甜香，喝下去甜味完全不會變酸，好優雅的個性。

　　這間店裡種種產品都令人驚艷，原來老闆張峰嘉是

個學什麼都要學最基本最徹底的功夫，因為對傳統的尊敬，他用最原始最基本的方法做粉圓，完全用手工在笭子上不停地搓著地瓜粉，將地瓜粉搓成型，變成一顆一顆的小圓子。由於是手工搓揉，每顆粉圓都像是初生嬰兒般晶瑩剔透，漂亮的讓人想拿起來把玩。

　　張峰嘉也完全是那種要喝牛奶不只是養母牛，還要去開牧場的個性。所有產品原料不是自己做就是費盡心思去找，他尋訪台灣碩果僅存的澱粉廠，找最純粹的地瓜粉，和老師傅不停地討教和切磋，他實驗過數十種黃豆、杏仁、糖蜜、冬瓜、洛神花乾、甚至是配料用的花生、紅豆等等材料的煮法，也研究煮豆子的壓力鍋。當然，朋友都開他玩笑說，他的下一步就是要開農場種地瓜、開工廠做地瓜粉。

　　讓張峰嘉如此執著的原因，除了個性，還有就是擔心外婆做粉圓的傳統手藝和美好的味道失傳。因此毅然辭去音響雜誌的工作，回到家鄉做粉圓。他將對音響敏銳細膩的音感用在食物上面，訂製各式鍋具，尋找各種材料，一次又一次不厭其煩地試驗、調整。他說沒做之前，自己也不知道一顆顆小小的粉圓變化可以如此之大，澱粉的比例、糖蜜的成分、溫度和力道，無一不左右著口感。

　　張峰嘉後來就在家人的支持下，和弟弟開了一間賣冰品冷飲的小舖子，如此用心的人，隱身在小街巷弄裡，實在令人感動。我到他的

店裡和他聊天，他也親手表演怎麼做粉圓，我吃過他用半機器做的粉圓和純手工做的粉圓，口感確實有些不一樣，半機器做的外表比較軟，手工搓的比較Q，各有各的風味。令人感動的是，張峰嘉每週必定要做一、兩天純手工粉圓，他說這是一種標準儀器，每週都要依據手工的程度做校正，他擔心隔太久，口感會走掉。有著這樣的精神，難怪一顆顆美麗的粉圓真的有旋律。

二〇一三年八月小店再度搬遷到台中一中商圈，由於店舖太小，暫時只提供粉圓、寒天、冬瓜茶等簡單的幾品，待尋覓更大的場所，將再提供更多的相關產品。

37 豆子甜品
地址／台中市北區一中街 20 號
電話／0986-818-598
營業時間／11:00 ～ 22:30

K2 小蝸牛廚房

　　「小蝸牛」義大利餐廳的披薩，是得到拿坡里披薩公會認證過的披薩，要通過這樣的認證，不是一件簡單的事。除了做得好吃，使用的麵粉、酵母等等食材，產地一定要在義大利。做法方面更是有必要的程序，例如麵糰必須低溫發酵，並且用手工製作，烤出來的披薩直徑必須是二十八公分，中間薄外緣稍厚，這是講究吃披薩的拿坡里人的規則。

　　事實上小蝸牛並不是新開幕的店，在台中已開設多年，二〇一二年將同一位老闆的兩間店，「小蝸牛」和「JPING 義大利精緻料理」都搬到台中市政府後方新的大樓，兩間餐廳廚房共用，並升級了全部的設備，JPING 仍然採預約制，供應精緻的義大利菜，小蝸牛以麵食和披薩等較大眾的義大利菜為主，營業時間也較長。

　　搬遷之後的小蝸牛改了一些風貌，近入口處設置了一座義大利進口的窯烤爐，提供現點現做的拿坡里披薩。通常到披薩店，我一定先試它的陽春披薩，就是上面大多沒有加什麼材料，頂多是一些番茄醬，這種簡單的披薩，最能吃出麵粉的原味，能提供這道披薩，表示對自己的麵糰和烘烤都很有自信。此外瑪格麗特披薩也是基本款，乳酪的味道和餅皮是不是相合，一試就知道。此外，帶著陽

光與海水的白鰻魚披薩，則是最有南方風格的披薩。

義大利麵點方面，除了常見的奶油培根麵、青醬松子麵，吻仔魚芥藍番茄125帕克里麵是主廚的招牌，頗具特色。地中海肉醬番茄千層麵、燻鴨胸巴薩醋奶油麵基本水準都很好，入味又彈牙。我一直最喜歡他們的波隆那古法肉醬寬麵，不過就是基本的肉醬麵，但是好有特色。至於其他菜色如鮪魚

醬豬肉沙拉，清爽又有風味，用杜蘭粉製作的麵糊，裹在海鮮裡面再大火油炸，酥脆又保持鮮味，更有依當日食材推出的各式菜單，寫在黑板上，例如碳烤原味自然豬或大肋排等等。

老闆王嘉平有台灣最有才華的義大利主廚之稱，原本在美國柏克萊唸建築設計，後來因為喜歡義大利菜，專

程到義大利學習，並在多間餐廳實習。回台開業後，依然每年都帶領廚師到義大利或歐洲各地進修，並常請義大利師傅來台表演，即使在台灣也全省走透透到處尋訪好的食材。他同時也出版過幾本食譜。

小蝸牛的消費以台中披薩店的平均消費來說，並不算便宜，但因為用料和烹調都好，仍有固定的客群會來。雖說如此，開朗活潑的老闆王嘉平卻說他並不願意做太高檔的精緻美食，這和他個人的信仰不同，即使是要預約的 JPING 精緻義大利餐廳，他也希望在可能的範圍內，壓低價格，讓大家都吃得開心、吃得滿意，才是他的目標。

K2 小蝸牛廚房
地址／台中市文心路二段 213 號二樓（順天經貿大樓 2 樓）
電話／(04)2251-8862
營業時間／11:30 ～ 22:00，下午茶時段部分餐點不供應

老舅的家鄉味

　　老舅其實不一定老，是中國東北人對舅舅的暱稱，酸菜白肉鍋則是東北人最重要的美食之一。用發酵過的白菜，放入炭燒的銅鍋之中，大部分和五花肉一起食用，再加上凍豆腐、川丸子、青菜等等食材，冬天大家圍著火鍋，吃一口下去就感覺全身發暖。

　　台中的老舅家鄉味，以酸菜白肉鍋為主，搭配一些東北小菜和麵餅。原本只是社區小店，被市長胡志強吃出名氣，他宴請總統都選在這裡，因此生意愈來愈旺，數年之間店面一直擴大，二〇一二年底更在台北開了分店，老舅終於闖出名號，老年得意。

　　做為鍋底的酸白菜，和一般常見的酸白菜不太一樣，是以帶綠葉的白菜醃製發酵，味道雖然不那麼酸，但是口感爽脆許

多，不會愈煮愈爛，是較為新派的做法。老舅說店裡的酸白菜都是天然發酵，沒有添加化學物，有一種天然的香氣，不會有刺鼻的人工醋味，因此就算直接吃或炒肉絲也非常可口。

酸菜白肉鍋最純粹的吃法就是只加白肉（豬五花肉），不要混搭。雖然牛小排也是這裡招牌，但我寧可一次只吃一種肉，加凍豆腐、手工丸子、川丸子和青菜、鴨血、豆皮這些基本款就夠了。酸菜味道雖然不強，但是足以中和白肉的油膩，湯頭喝起來自有一分鮮美。

吃這酸菜白肉鍋，醬料可也是很重要的一項，豆腐乳和店家特製的韭菜花醬，再加上一點醬油就夠了，千萬不要把每一種調味料都混在一起，那就吃不出肉的香氣。

火鍋之外，有一些滷菜和麵點，酸白菜拌麵、酢醬麵，風味都很不錯。有意思的是有不少東北特別的酸白菜水餃、芹菜水餃和豆角水餃等東北風味的餃子。此外還有醬牛肉捲餅、蔥油餅，都是乾烙的，喜歡吃煎油餅的可能會覺得太乾了一些，另外還有東北名菜小雞燉蘑菇湯。

老舅的台中店比較像傳統小吃店，台北店的裝潢就有現代感，桌子大多是四人座，價位當然也就貴了一些。

老舅的家鄉味
地址／台中市中區自由路二段 80 號（台中店）
電話／(04)2223-3878
營業時間／11：30 ～ 14：00，17：00 ～ 22：00

地址／台北市松山區復興北路 307 號（台北店）
電話／(02)2718-1122
營業時間／11：30 ～ 14：00，17：00 ～ 22：00

Le Moût 樂沐法式餐廳

　　英國《餐廳》雜誌舉辦的「亞洲五十最佳餐廳」，二〇一四年台灣台中「樂沐」法式餐廳名列第二十四，其中的凱歌香檳亞洲最佳女主廚獎項，更頒給了「樂沐」主廚陳嵐舒。

　　事實上，這並不是主廚陳嵐舒第一次得到這樣的殊榮，在二〇一一年就獲得世界知名的羅萊夏朵（Relais & Châteaux）頒發的傑出主廚，以及被飲食指南「The Miele Guide」評選為二〇一一全台最佳法式餐廳，樂沐餐廳的其中兩位侍酒師，也在全國侍酒師大賽得到冠軍。

　　一位到過樂沐用餐的老饕說，他覺得樂沐能夠得獎，不只是每一道餐都夠水準，包含配酒、服務甚至裝潢，每個地方都搭配得宜，整體來說相當完整也相當完美。經營一間高檔的餐廳，各方面都要顧慮到，這不是一件容易的事。

　　佔地三層樓的樂沐，裝潢高雅中帶著溫馨的氛圍。一樓貯放大量的藏酒，二樓是正式的餐廳，三樓可以舉辦小型宴會。

雖然總面積並不大，但是用餐環境非常舒適，選用的餐具也相當講究，每一個產區用不同的酒杯，細緻度令人印象深刻。

至於餐飲的特色，秉持法國菜的精神，依傳統的工序，將最好的食材表現出來，並且將台灣的本土食材和特色，注入法國菜內。例如說羊肉，有時候主廚會同時選用台東的山羊和紐西蘭的綿羊肉，台東的山羊連皮和肥肉，用法式的手法處理，風味獨特，紐西蘭羊肉則先漬再煎，兩者味道很不一樣。另外像是鴿肉，用一張客家梅乾菜將鴿子包起來再煎烤，整體看來是法國菜，吃起來是很濃的客家味，十分有趣。

主廚對於中國人的醃菜很有興趣，常用梅乾菜、雪裡紅、芥菜等等入菜。事實上我也一直認為每一個民族地區的食物最大的特色就在於發酵的味道，發酵最重要的就是天候，因此法國人的乳酪和瑞士的味道就會不一樣，義大利人的番茄乾和土耳其的番茄乾，不只品種不同，日照

和風度濕度也完全不同，就產生了不一樣的風味。日本人的味噌也每個地區不同，中國人的醬油各地差異更是頗大，台灣人、廣東人和上海人的醬油大不相同，每一種都帶有濃重的在地風味。

因此將這些在地食材融入菜色中，就產生了自己的風格，同時卻仍保有法國菜的魂、中國菜的骨，再加上一些時尚的風潮，例如這幾年法國菜加入的東南亞的元素，印度咖哩或泰國菜的味道，像是南非鮮鮑用了咖哩醬汁，比目魚淋上泰國東炎湯的醬汁。當然近年法國菜和日本料理也有更多的交會火花。在巴黎一級的米其林餐廳，幾乎免不了的會出現生魚片，只是呈現的方式較為日法融合。而樂沐這一部份表現也非常出色，像是鮪魚和麵包屑的塔塔，鴨肝裡加了鰻魚肉，但基本上因為對食材和各國食物的瞭解，這些創意組合並不會勉強，我覺得主廚最厲害的地方，在於恰到好處地拿捏各種不同元素的平衡點。

此外，配酒的部份也極為專業，開場的香檳，是樂沐和法國香檳區的一間小量生產的酒莊配合的限量香檳，氣泡細緻，顏色也漂亮。佐餐的酒品和菜的搭配，在在表現了加分的效用，只是價格都不便宜。

「樂沐」目前在台北有性質不同的分店，氣氛較為輕鬆，二〇一四年三月也在台中本店對面開設了烘焙點心坊「舒舒法式手作坊」，販售餐廳內原本提供的各式自製麵包、甜點，以及部分精選茶品和瓷器。此外，「樂沐」並於二〇一四年五月在台北內湖開設預約制的私房餐廳。

Le Moût 樂沐法式餐廳
地址／台中市西區存中街 59 號
電話／(04)2375-3002
營業時間／11:30 ～ 15:00，18:00 ～ 22:00，週一公休

佳美麵包

　　一封來自雲林二崙的郵件引起了我的注意，一位傳統餅店「佳美麵包」的小老闆娘問我願不願意嚐嚐他們的伍仁月餅。說實在，年紀輕時對那種內餡複雜的伍仁月餅一直不大接受，但是看到她部落格上的描述，第一個反應不是喜不喜歡伍仁的層次了，我忍不住推測這就是長期以來我一直在尋找的台灣味道。

　　四方形的傳統伍仁月餅，外表看不出有什麼特別，一刀切下，餅皮隨之碎裂開來，露出好多堅果，原本以為這是不是表示餅皮太乾，但沒想到香脆的堅果和餅皮意外的融合。另一個外表像鳳梨酥的伍仁酥，餅皮和月餅那種會碎裂的不同，比較像鳳梨酥，內餡同樣包了花生、核桃、杏仁、腰果、芝麻、南瓜子和白瓜子等堅果，特別的是裡面沒有豬油和豬肉，和傳統的伍仁月餅不一樣。老闆廖顯順說，早期生活大家都沒有冰箱，放了豬肉容易腐壞，但是伍仁月餅是鄉下人拜拜時常用到的點心，可是他不願意在製作時添加防腐劑，更不想添加人工香精，所以先用麵粉和少量奶油炒乾，再加入堅

果合成餡料。其中最重的香氣來自在地的特產花生，因此在做餅前一、兩天，才準備炒花生，並要細心曬乾以保持堅果的脆度，這樣才不會吃到花生和其他堅果釋放出來的油味或黃麴毒素，也能讓客人吃到餅裡面的天然香氣。

　　除了伍仁月餅和伍仁酥，佳美喜餅也很受到歡迎，滷肉豆沙調味雅致，甜鹹度也拿捏得恰到好處，鳳梨餅保持傳統冬瓜餡。至於只有預訂或中秋才做的綠豆椪，一層一層像雪花的酥皮，老闆說教兒子做餅做三年，但還沒教到這一部份，因為這靠的是手感。製作綠豆椪學問不小，烘烤時餅皮必須膨脹得剛好，吃起來才會酥軟，而那種烘烤過後滷肉的油脂滲到豆沙裡甜甜鹹鹹的滋味，才是真正傳統好吃的台灣味。只是綠豆椪無法宅配，純手工的餅皮一碰就破，要吃的人請自己到二崙取

貨。老店還有一招牌狀元餅，大
部分是做為訂婚喜餅，其中放了
八個蛋黃和滷肉及豆沙，但是吃
起來一點也不會油膩。

　　這一間鄉村麵包店已有四十
多年，前幾年第二代兒子和媳婦
覺得是該回家鄉學習做餅的時候
了，辭去了原本不錯的工作，
回家跟著長輩從頭學起，從做
餅和經營開始。原本是媳婦兒一
邊看店一邊帶小孩並在自己的部
落格做一些行銷，後來慢慢做出
名號，經常有人遠從各地開車去
買，尤其是伍仁酥，純天然的風
味，剛好符合現代健康飲食的風
潮。老店新生，有了扎實的根，
才真正禁得起時代考驗，現在小
店愈做愈出名，但品質永遠維持
一定的水準，真是台灣好味。

佳美麵包
地址／雲林縣二崙鄉中山路 108 號；
　　　雲林縣二崙鄉油車村文化路 149 號
電話／(05)598-2525；(05)598-9376（宅配專線）
營業時間／08：30 ～ 22：00，週日公休

第四章
愛吃南台灣

說起台灣小吃，當然就是台南最豐富也最地道。在還沒有高鐵的時代，曾經不只一次和朋友包車由台北直衝台南吃美食，常常吃了一攤又一攤，朋友們戲稱這樣的吃法叫做「美食繞境」。後來有了高鐵，自然就更方便一些。

台南市區的小吃，種類繁多，每次到台南都有新的發現，這種經驗是在其他城市不容易遇到的。因此當朋友問起我的台南美食口袋名單，幾乎每隔一陣子就會做一些更動。但是近幾年來我到台南幾乎都不錯過的，就是自一九三九年開店，位於赤崁樓附近的「福泰飯桌」。

我曾經多次站在福泰飯桌的店門口觀望，不敢進去，因為不知如何點菜，後來看久了總算看出一些門道。店內一排排大鐵盤盛裝著當天早上做好的菜餚，原來「飯桌」其實就是現在自助餐便當店的前身，唯一和自助餐店不同的是包含了部分生鮮食材，客人點選後才立刻加工烹調。

台南小吃種類多，必吃的還有阿堂鹹粥、包成羊肉、阿和肉燥飯、鴨母寮肉燥飯、阿裕牛肉湯、阿國鵝肉、裕成冰果室、清子香腸熟肉、蜜桃香楊桃冰和劉家楊桃冰，實在是太多太多數不完，我也碰見過在民族路二段偶爾會出現賣白糖糕的

福泰飯桌

老攤子，好開心重逢了小時候的好滋味。

走出市區，若往關廟的方向去，可以試試它的特產關廟三寶，魯麵（關廟麵）、鳳梨和竹筍。

關廟至今仍保持著古樸的鄉鎮風味，以小鎮的中心點山西堂為主要聚集地，往外走則是一片又一片的鳳梨田。我吃過一位年輕小農楊宇帆種的有機鳳梨，他在三年前回到關廟，接手祖父的鳳梨園，由於鳳梨園已荒廢近十年，所以他剛好實現栽培有機鳳梨的理想。經過不斷的實驗，終於種出美味好吃的有機鳳梨。

楊宇帆說，剛開始當小農的時候，什麼都不懂，到處問人，父親也不看好他會堅持下去，但是經過三年，現在父親也常到田裡協助他種植。雖然阿嬤看到他總是催他快去找工作，因為阿嬤不認為種田是職業，但是他都笑笑，隨老人家去說，他自己對目前這樣的小農生活

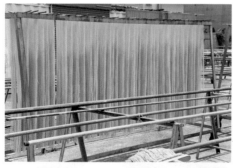

非常開心，甚至驕傲地說：「我喜歡台南，喜歡關廟，我以身為台南人為榮。」

像這樣追求有機耕作的小農愈來愈多，他們常一起互相打氣和交換經驗。除了種田，他也研發鳳梨乾和鳳梨酵素，但目前都還沒有量產，因為鳳梨一成熟就被搶購一空啦。他曾帶我到他的鳳梨園參觀，面積不大，雖然鳳梨都剛好收割了，但是好有生命力。他指著遠處一方竹林說：「那就是我親戚種的竹筍，好甜好嫩很好吃喔。」

關廟的另一寶關廟麵則是遠近馳名，關廟人曬麵條，壯觀的場面就是關廟的農村風光，可能是因為氣候適合曬麵，用關廟麵做的魯麵，相對的就更好吃。在山西堂正對面的關廟市場裡，攤子不小的乙旺魯麵，頗有風味，其中土魠魚做的魯麵最受歡迎。

山西堂前的左側，還有一位阿婆在做白糖糕，阿婆每天早上一起床就開始和粉，用糯米粉和水和成麵糰，再

左／蜜桃香楊桃冰　右／乙旺魯麵

磨成長條下油鍋炸，然後沾白糖吃，就這麼簡單的味道，
卻是多少人的鄉愁。

　　往另一頭的佳里鎮，佳里食堂也是大吃小吃都適合
的老店。此外其他的各個小鎮，都有屬於他們在地滋味的
老店，有些堅持著原味，有些不敵歲月。在南台灣尋幽訪
勝之餘，美食小吃串連成一條長長的路，也串連了美好的
記憶和歡樂。

蜜桃香楊桃冰
地址／台南市中西區青年路 71 號
電話／(06)228-4228
營業時間／09：30 ～ 21：30

劉家楊桃冰
地址／台南市東區北門路一段 36 號
電話／(06)225-1887
營業時間／10：00 ～ 22：00

乙旺魯麵
地址／台南關廟菜市場
電話／(06)596-3234；0932-770-883
營業時間／06：00 ～ 13：00，每月第二、第四週的週二及第一個週日公休

福泰飯桌

　　在台南赤崁樓旁有一間店名特別的小吃店「福泰飯桌」，到底什麼是「飯桌」？其實就是現在自助餐便當店的前身，以大鐵盤盛裝著當天早上做好的菜餚，唯一和自助餐店不同的是包含了部分生鮮食材，客人點選後才立刻加工烹調。

　　自一九三九年開店到現在的「福泰飯桌」，每天推出數十種不同的家常菜，最主要是各式大小雜魚，如乾炸土魠魚、漬煮虱目魚、水煮破布子午魚、清蒸豆豉吳郭魚，還有這裡的魚湯也是一大特色，虱目魚湯、過魚湯和浮水魚丸湯等等，湯頭鮮甜根本不需要味精。但如此簡單的魚湯，不管生意再忙，老闆仍然一碗一碗處理，不會一次煮一大鍋。

　　除了魚類，最出名的是它的肉臊飯（台南人喜歡稱肉臊飯，不稱滷肉飯），切成大丁滷得透透

的五花肉，油亮亮的讓人忍不住食指大動，肉臊飯還有另外一種吃法，就是「加鹹」，只在白飯上淋一點醬汁，

不加肥肉，應該都是農村時代的吃法。另外古早味的肉羹帶著一點肉筋裹著薄漿，吃起來頗有韌性。以純豆皮包裹蝦漿、青蔥和荸薺，再經過油炸的蝦捲，搭配甜薑，都是必點菜色。蔭豉蚵仔燴豆腐、炒莧菜、炒竹筍、滷肉等等就是家常風味。大部分的內行仔都是點一碗肉臊飯，加上一碟魚，或帶著紅蔥頭香氣的白菜滷，再來上一碗湯，這樣的組合真是太滿足了。

福泰飯桌店面不大，原本是供給勞動者用餐的地方，雖然位在今天的觀光地區，但是仍以本地客為主，不少觀光客看著前後交錯排得滿滿的小菜，似乎還無法摸出頭緒來。然而到府城作客，這樣充滿活力的飯桌小店，遠比觀光名店更容易品嘗到在地人口味，因此不論社會如何變遷，像這樣的飯桌仔文化依然保留了它的位置。

福泰飯桌
地址／台南市中西區民族路二段 240 號
電話／(06)228-6833
營業時間／07:00 ～ 14:00，週一公休

阿國鵝肉

　　一次和一群朋友誇張地包了一輛車從台北到台南吃美食，在吃了非常多攤的大吃小吃之後，夜半又再殺到有名的阿國鵝肉攤，結果說吃一點點就好的眾人，又繼續嗑光幾大盤的鵝肉、筍子和湯麵，最後大夥在旅遊結束之後，阿國鵝肉還被大家票選成為那次美食之旅的第一名美食。

　　阿國鵝肉受到我們這群大飯團的喜愛，除了好吃，最重要是氣氛好，大夥開心出遊，大口喝酒大塊吃肉，聊東話西，什麼都開心了。而這裡，就有這樣的氛圍。當然，更有趣的是在這樣的吃食小店旁邊，竟還有一座香火頗旺的廟宇，隔著神明大吃肉食，大口喝酒，大家都習以為常，台灣就是這麼有趣的地方，廟宇周圍通常都有很多好吃的東西，畢竟是人潮聚集之地吧。

　　阿國鵝肉每天只在晚上營業，如果天氣好，客人更喜歡坐在廟前的廣場上吃吃喝喝。店內賣的東西種

類不多，就是和鵝有關的各種部位，鵝肉、鵝翅、鵝腸、鵝內臟和鵝湯煮的筍乾和麵條。

帶著金黃色的鵝肉，是飼養三個多月，大約八斤重的本土鵝。整隻鵝浸入水裡煮大約四十五分鐘至熟，撈起來風乾，切片後吃起來有著鮮美的甜味，至於內臟的口感都很讚，也都能保持原味。其中最叫座的鵝腸，先汆燙後再浸冰水以保脆度，上桌之前才再燙過。

通常鵝肉店都有用鵝高湯煮過的筍乾，一盤多少也都要數十元不等，但阿國最引誘人的地方就是有免費的筍乾無限供應，吃完還可以再要一盤。而且不是免費的就隨便弄弄，這些筍子大都是嘉義大埔當季現採的嫩筍，仔細處理後再用高湯煮過，吸收了鵝肉味道的筍子因此更加的鮮甜。

阿國鵝肉現在店面愈開愈大，生意也愈夜愈旺，牆上還掛著和總統的合照，看來廟邊小店，聚集的人氣真的很多，難怪政治人物也都要來拜碼頭。

阿國鵝肉
地址／台南市南區育南街 27 號
電話／(06)291-2998
營業時間／16:00 ～ 01:00，僅農曆除夕、初一公休

新眞珍餐廳

　　第一次聽到蘿蔔粄這道菜名，還以為是蘿蔔糕之類的，但到了屏東高樹鄉的客家村，才知道蘿蔔粄不是我們以為的蘿蔔糕，是將蘿蔔切成粗條，裹上麵糊再去炸，炸成一塊塊約手掌大小，吃的時候沾點辣椒、大蒜醬油，做法有點像炸地瓜，也像日式的天婦羅。在高樹新真珍老餐廳吃到的蘿蔔粄又香又甜，完全不油膩，我到廚房去看師傅做，自以為學會了，但是回家做的山寨版就是沒這家做得好吃。據說傳統家常客家菜中，也使用瓠瓜、青木瓜或大黃瓜取代蘿蔔。

　　高樹鄉出產大蘿蔔和不少農產品，我曾到高樹拜訪一些有機小農和種子保育中心，路經這裡都在這間已營業了數十年的新真珍餐廳用餐。這裡以客家菜為主，也有一些原住民菜色，用的食材都是當地出產，例如樹豆、黑豬肉、溪蝦、高麗菜、蘿蔔乾、福菜、西瓜綿、醃冬瓜、豆腐和一些蔬菜，都十分有風味。

　　新真珍的菜色既家常又有特色，幾乎每桌必點的樹豆豬腳湯，味道清甜，有一種香氣。樹豆是原住民常見的食材，種子營養豐富，富含蛋白質、脂肪、纖維、礦物質等各種成分，開花的時候更是漂亮，黃澄澄一片。很平凡的炸肉丸子，則是將豬絞肉調味後做成緊實的小

丸子，下鍋炸到表皮焦黃，味道很好，和北方館子的炸丸子一樣。客家封肉也就是滷肉，配上筍絲，甜甜鹹鹹的很下飯。高麗菜西瓜綿，則是將醃過的青西瓜和高麗菜加上豆瓣一同燴煮，爽口又甘甜。其他的當季野菜，例如水蓮和新鮮的福菜快炒，都十分鮮嫩，豬油是關鍵，但火候也恰當。

　　新真珍的老闆廖先生多才多藝，店內牆上的畫作都出自他手，泡茶的木雕桌椅也是他自己做的，客人上門用餐，餐後他一定還獻上一段二胡。有機會到這附近旅遊，不妨到這家店，吃些道地的客家菜，聽上一段客家歌謠。

新真珍餐廳
地址／屏東縣高樹鄉高樹村高華商場 42 號
電話／ (08)796-2229
營業時間／ 10:00 ～ 20:00

第五章
旅途中的隨意小吃

我喜歡旅行，但在旅行中要尋訪美食，其實有一定的困難度。因為到處趴趴走，要立刻找到好吃的餐廳不容易，有些餐廳幾個月前就要預訂，有一些根本不接受外國人訂位。當然還有千里迢迢到了知名的米其林三星餐廳，大失所望的情況也可能發生。

　　整體而言，在我走過的地方，首選的美食之都是日本東京。東京的餐館數量雖多，但平均水準應該是最整齊的，美食也非常多樣化，除了我沒仔細研究過的中國餐館，其他各國料理都有不少頗具水準的餐廳，包括對我們而言很冷僻的地區或國家。日本人精雕細琢的功力和法國菜講究工序的精神頗相契合，因此在日本吃到的法國菜，有些更甚巴黎知名餐館。當然，講究的壽司和

京料理或拉麵、蕎麥麵或天婦羅名店，細緻度匪夷所思，剛炸好的天婦羅放在吸油紙上，可以完全不弄髒吸油紙，一點油漬火氣都沒有。

Chez l'Ami Louis（巴黎）

　　無庸置疑，巴黎當然是全世界的美食之都，一些有名的餐廳，精緻的餐點固然讓人折服。不過我最喜歡的是一間百年老店 Chez l'Ami Louis

Chez l'Ami Louis（巴黎）

（我的朋友路易那家店）。這家店一顆星星也沒有，收
費卻比照星級餐廳，盤子酒杯都是最普通的粗壯型，店
裡看不到名牌瓷器，可是食物好吃到爆，烤雞就是一整
隻雞烤上來，香氣四溢，令人忍不住大口大口吞下，大
顆的干貝看起來就是用大蒜隨意煎一下，鮮甜極了。有
一次去的時候剛好碰上松茸產季，大朵大朵的松茸烤出
來，沒有任何多餘盤飾，香氣撲鼻，實在太過癮了。

　　此外香港也是我認為的美食之都，不論粵菜、潮州
菜或其他菜系的很多好店也都在此，像是我常去的灣仔的
潮州菜館尚興、九龍的樂口福、皇后熟食中心等等，當然
還有其他各國料理都頗精采，印度菜、泰國菜、法國菜、
義大利菜都不缺席。比較遺憾的是，以往街角的茶餐廳、
燒臘店或粥麵店，正一間間地快速消逝中，讓我們這些喜

Katz's Deli（紐約）

愛街頭小吃的旅客難掩失望。

　　我最幸運的經驗，是去東京小野二郎的壽司店吃過他親自服務的壽司，好不好吃不用我多說，他能得到今天日本壽司之神的地位，當然有一定的道理，而我有機會坐在他的面前，享受那完美的十九顆壽司，崇拜和喜悦早就充滿心頭。

　　但這樣難得的經驗並非時常遇見，很多餐廳總是無緣一訪，我相信對大部分的旅客都一樣。因此這裡要介紹的海外餐廳，大多是較為隨意的小店，更重要的一點是，餐廳都在大眾比較熟悉的幾個城市，如香港、東京、大阪、京都、首爾、羅馬和紐約。至於其他的餐廳和地區，範圍實在太大，就只能先推薦這幾間多年來我常去的小店給讀者。

すきやばし次郎（東京）
地址／日本国東京都中央区銀座 4-2-15 塚本ビル B1F
電話／ +81-3-3535-3600
營業時間／平日 11:30 ～ 14:00，17:30 ～ 20:30；週六 11:30 ～ 14:00；
　　　　　週日及國定假日公休

Chez l'Ami Louis（巴黎）
地址／ 32 Rue du Vertbois, 75003 Paris, France
電話／ +33-1-48-877748
營業時間／ 12:00 ～ 14:00，19:30 ～ 23:00

日本食堂　東京

　　我旁邊坐的一位年輕人，極專心地吃著一盤燉牛肉飯，他用餐刀切下軟爛到幾乎輕輕一劃就分開的牛肉，細嚼慢嚥，最後把盤子裡全部的牛肉、白飯和醬汁，都刮得一滴不剩。我猜他可能是存了很久的錢，來品嘗傳說中美味的窮學生。看他那麼用力那麼認真地吃著，好滿足的感覺。

　　我是被一本新出版美食雜誌上的圖片吸引來的，第一次是要去搭車時順便去試吃，因為太美味了，後來則是特別買了地鐵票進車站，就為了吃這碗牛肉飯，我不介意因此加了三百多日圓車票錢，因為太好吃了，當時一盤一千八百日圓的牛肉飯，也讓我和鄰座的老兄一樣，把盤子刮到乾乾淨淨。

　　我一向對日本的洋食頗感興趣，日本人改良西方食物成為東方的風味，不僅是形體，連靈魂也一塊兒帶進來了。事實上，日本自明治維新開始全面現代化與西化之後，牛肉才漸漸出現在日本人的菜單上，並發展出一種所謂的「洋食」餐飲文化，融和西式與日式的做法與口味，並自成一格，例如蛋包飯、牛肉飯、漢堡飯、咖哩飯、長崎蛋糕、可樂餅等等。

在東京車站內的「日本食堂」，概念來自一九三八年日本鐵道餐車，當時在餐車上提供燉牛肉洋食，然而近年來隨著火車的車速增快，目前僅有三條往北海道的火車仍然附有餐車，因而業者在東京車站裡開設了這間懷舊小餐廳，延續當年的餐車氛圍。不僅讓想念舊時在火車上用餐氣氛的中老年人再體驗一次往日情懷，餐點也絕不是僅有懷舊外表，每道餐點都遵循古法製作，也絕對味美。以法國北方將蔬菜及啤酒加入醬汁中的方式，熬煮濃縮牛肉醬汁（demi-glace sauce），並加入大塊的牛肩肉或牛柳及蘑菇燴煮，擺盤時上面還加上一匙酸奶油，風味酸中帶甜，我尤其喜歡牛柳燉飯，口感及味道都搭配得剛好。

至於牛排三明治，是將牛排裹了麵包粉炸過，再加上生菜和牛肉醬汁。至於午餐和晚餐則不定期推出牛排餐和漢堡餐等等。更有趣的是這間店從早上七點就開始營業，不論是否要搭火車，大清早就吃一頓餐車上的牛肉燉飯，真是太奢侈也太幸福啦。

日本食堂（東京）
地址／日本国東京都千代田区丸の内 1-9-1
　　　JR 東京站改札內 1F ノースコート內（グランスタダイニング）
電話／ +81-3-3214-5120
營業時間／ 07：00 ～ 22：30

新橫濱拉麵博物館　橫濱

　　新橫濱的拉麵博物館自一九九四年三月開幕,已經
過多個年頭,但是人潮好像從未停止,不少台灣朋友都曾
前往朝聖,它開幕那年我就去趕過熱鬧,後來每回去都覺
得還是很不錯。

　　博物館除了展示區和賣店,拉麵名店區的面積並不
算大,同一時期大約只維持在八或九攤,但大多是名店才
能進駐。雖然拉麵博物館對於邀請的店家,並沒有一定的
法則或競賽評比,但是很多日本拉麵店都以能在這裡開店
營業為目標,並認為是至高的榮譽。像是也來台開連鎖
店,在台北引起轟動的福岡拉麵店「一風堂」,就曾在

那裡駐店，此外，知名的
拉麵店如福岡的名店「大
炮」、東京的「勝丸」、札
幌的「すみれ」和喜多方的
「大安食堂」等等，都曾進
過拉麵博物館營業。這些
店家有些駐點長達數年，
有些一、兩年就離開，但
幾乎都獲得很好的評價。

　　然而客人進到拉麵博
物館，總希望能多吃幾間不
同風味的名店，可是拉麵一碗通常就是一人一餐的份量，
吃了這家就不能吃那間，頗覺遺憾。因此每間在此營業的
拉麵店，為了讓客人跑一趟可以吃到多種口味，特別推出
了小碗拉麵。但即便是小碗，一般大約吃兩、三碗也就撐
不下了，但是要吃出拉麵的好味道，總要有基本的份量才
能品嘗呀！所以想每家店都嘗嘗，還是要多去幾次。

　　我每隔幾年都要到拉麵博物館去回顧一下，近幾年
最喜歡的是氣仙沼來的「かもめ食堂」。我喜歡它的潮味
叉燒拉麵，以細麵為主軸，加上叉燒、筍干、魚板、蔥
花，再配上一個剖成兩半的白煮蛋，視覺上就很漂亮。
至於湯頭，是用鯛魚干、昆布和雞骨熬的高湯，味道鮮
甜回甘，層次豐富卻不混雜，鋪在麵上面的主要配角
「叉燒」，肥瘦比例剛好，入口不油膩也不柴澀。更驚

艷的是白煮蛋功力真好，半熟的蛋黃和軟嫩的蛋白，火候掌握得天衣無縫，可說是一碗非常雅致的叉燒拉麵。

這一間氣仙沼來的拉麵店，雖是老店，原本數年前已經停業，但是因為三一一地震時，老闆的家鄉氣仙沼受到嚴重損害，他因此決定在東京和仙台再重新開幕，成為震後復興的象徵，同時並獲邀進駐了新橫濱拉麵博物館。然而不論是因為氣仙沼或地震的關係，這碗振興之麵，實在是做得用心也出色。

到拉麵博物館用餐，建議還是避開用餐時間和假日，到達營業大廳可以先看一下牆上的牌子，上面記載著哪一間店可能要等候的時間，再決定要選擇哪間店去排隊。如果來不及吃太多，倒是可以買些盒裝的拉麵回來再慢慢享用。

新橫濱拉麵博物館（橫濱）
地址／日本国横濱市港北区新橫濱 2-14-21
電話／+81-45-471-0503
營業時間／平日 11:00 ～ 21:30，週六 11:30 ～ 22:30，週日 10:30 ～ 22:00

京和食かもめ（鷗）　　京都

　　到京都總是要吃個京料理，但是京料理進門不易，
器皿和上菜都有一些固定的程序，若是不習慣那些儀式
時，常常吃得戰戰兢兢、手忙腳亂，反而更吃不出京料理
的味道來。

　　這兩、三年到京都旅行，我去過一間年輕夫婦開的
京都小料理店，老闆曾經在京都名店工作過，但在自己的
小店裡，門檻低一些，幾年來，費用就只有四千和六千日
圓兩種，形式也不太拘謹，氣氛比較自由。

　　按照京料理的順序，最先上來的就是「先付」（前
菜之前的小菜），這小菜只有一口，一次吃的是胡麻豆
腐，另一回吃的是用起司將燙熟的野菜烤過，都很開
胃。緊接著是所謂的「八寸」，就是用漆器或陶器盛裝
的冷菜，幾顆蠶豆、一點醃茄子、麻醬拌蔬菜、螺肉或
炸過的魚塊再和蘑菇混煮、甜的蒸蛋或水蒸蛋糕等等佈

滿了盤子裡的幾個格子。我常覺得由前菜就看得出來那個餐館夠不夠水準，若依此推論，我吃到的這家，肯定是表現不俗的。

接著有依季節端出的椀物、姿造、燒物、煮物等等，不論是生魚片、押壽司或烤魚、蔬菜，每一道都很講究，盤飾也非常漂亮。我坐在吧台邊，更驚訝的是每道菜端上來都熱騰騰，尤其是炸秋葵和芋頭，下鍋炸了好久，

看得我都擔心起來，但是咬下去才知道這功夫真厲害，完全把緊實香糯的芋頭炸到透而不油，更沒有炸到爛掉，顯然用料也頗用心。最後上來的螃蟹飯則是師傅現煮現做，蟹肉和米的香氣誰也不搶誰。

第一次用餐時共吃了十道菜，第二次菜的份量沒那麼多，但吃起來反而比較沒有負擔。只是第一次用過餐之後，我以為這間店一定有機會拿到米其林的星星，沒想到後來翻旅遊書都再找不到對這間店的任何介紹，讓我

有點意外。但是再度到了店裡我就明白了，顯然老闆是
不打算把餐館往星級米其林那個方向走，他選擇了拋開
傳統的束縛，讓客人吃得自由，他也做得更自由一些。

京和食 かもめ（鷗）（京都）
地址／日本国京都府京都市中京区油小路通二条上ル薬屋町 603
電話／＋81-75-255-4030
營業時間／17:00 ～ 22:00，每週二及每月的第一個週三公休（要預約）

道頓堀今井本店　大阪

　　雖然最出名的讚歧烏龍麵在日本四國，不在大阪，但是在四國交通還沒有那麼方便的時候，大阪人倒是搶了先機，把烏龍麵（うどん，大陸音譯為「烏冬」）帶到了大都市，並加上了豆皮（きつね），成為大阪人最喜愛的主食之一。

　　今井烏龍麵位於大阪熱鬧的道頓堀區，開業已經超過五十年，店內雖然有不少菜色，但最出名的就是烏龍麵。這裡的烏龍麵湯頭是用了北海道的昆布和九州的鯖魚熬煮，據說店家每天都做新鮮的高湯，一次煮三十人份，一天大約要做四十回。麵湯即是一半高湯加入一半的水，喝起來洋溢著海鮮的香氣。

　　招牌豆皮烏龍麵的表

層，覆蓋著兩大塊軟嫩新鮮的豆皮，白嫩的烏龍麵條、新鮮的綠蔥以及香檳色的湯汁，視覺上清爽極了。粗粗胖胖的麵條，雖然彈牙但口感自然，不會過度Q滑，至於豆皮則軟嫩甜美，不會過甜或過油，真的是一碗比例熱度軟嫩鮮味，都搭配得剛好的烏龍麵。

日本人吃烏龍麵除了加豆皮，也愛搭配鴨肉或天婦羅，同時並有同系列的關東煮及配料豐富的烏龍麵砂鍋（うどん寄せ鍋）。基本款的關東煮有牛筋、內臟、干貝、魚丸、魚板、蘿蔔等等，每一樣口感都好，配上柚子風味的芥末醬，將關東煮的風味整個提升出來。至於火鍋更不難想像，有好的湯頭和食材，怎麼組合都好吃。如果不想吃烏龍麵，它的蕎麥麵也非常出名，只是我至今還沒有給蕎麥麵機會呢。

今井目前在大阪有數間分店，每間店販售的內容有些不同，也有很多外賣的食材，但若要用餐，本店仍是首選，雖然有好幾層樓，用餐時間仍要排隊，好在它營業時間相當長，可以選人少的時間過去，逛街逛累了，歇歇腿，吃碗有著鮮美高湯的烏龍麵，享受一下大阪風情。

道頓堀今井本店（大阪）
地址／日本国大阪府大阪市中央区道頓堀 1-7-22
電話／ +81-6-6211-0319
營業時間／ 11:00 ～ 21:30，週三公休

祇園う（木桶）鰻魚飯　京都

　　說到吃鰻魚，日本人講究的可是很不少。有句話說，學殺鰻魚要五年，學串鰻魚要八年，學烤鰻魚要花一輩子。而烤鰻魚吃鰻魚在關東和關西又有不同的派別，通常關西吃鰻魚是以炭烤方式為主，關東則是經過先烤再蒸再回烤三道程序。至於殺鰻魚的方式，大阪人從易切開的魚腹處理，但江戶武士忌諱切腹，所以由背面下刀。

　　而吃鰻魚的方法呢，有一種是以木桶盛裝，稱為木桶鰻魚飯三吃。第一吃是直接吃鰻魚飯，第二吃是加上調味料如芝麻、海苔、蔥花等，和鰻魚攪拌一下再吃，第三

吃是加上柴魚高湯，將鰻魚飯變成泡飯。

在京都我去過一家吃鰻魚的老店祇園う（木桶）鰻魚飯，鰻魚飯最小的份量是三人份，裝在木桶裡面的飯先拌過醬汁，再鋪上鰻魚。因此掀開木桶蓋子，鰻魚和醬汁的焦香便衝上來，據說除了鰻魚，包括醬汁內選用的砂糖和味醂都相當講究，即使是烤鰻魚的竹網也有歷史，木炭當然更不是普通的炭，一定選用上好的備長炭。這一間坐落在小巷弄裡的小食堂，二層樓的店面，總共沒有幾個座位，每天站在那裡烤鰻魚的是國寶級的老先生中川清司，看他一絲不苟的態度，不用說那滋味多麼令人難忘。

開放式的廚房可以看到師傅們在架子上烤鰻，微焦的魚肉烤好後兩重（段）切成八塊，座位旁有份說明書，教客人如何享用鰻魚飯三吃法。滋味香甜，肉質滑嫩，醬汁也調得恰到好處，不知不覺整桶鰻魚飯就被吃得一粒不剩。喜歡吃原味的可以選擇白燒鰻魚，此外並有其他餐點，但是現烤鰻魚飯三吃應該是最基本的吃法。

祇園う（木桶）鰻魚飯（京都）
地址／日本国京都府京都市東山区祇園西花見小路四条下ル
電話／+81-75-551-9966
時間／11:30～14:00，17:00～21:00，週一公休

白松牛骨湯　首爾

　　第一次去白松，是因為香港美食家蔡瀾先生推薦。位於韓國首爾景福宮附近，平房式的老建築，門面一點也不豪華，但進入室內則發現店面不小，有一位老太太坐在中庭旁的炕房摘青菜，雖然不知道她是不是老闆，但那鮮明的影像，無疑是店裡的活招牌，怎麼看也讓人覺得這裡的食物一定有味道。

　　店裡菜色種類不少，最出名的就是水煮牛肉（發音近 Karubi-Chim），將煮熟的牛肉、牛筋、內臟、牛膝和牛尾等等，放在一個淺盤式的鐵鍋上面，牛肉下面襯著一些青菜和洋蔥，並帶著一些湯汁，食用時可以沾一些味噌醬。這盤看似簡單的水煮牛肉，應該是已經熬煮了很長的時間，湯頭大約加了蔬菜、紅棗等等，喝起來甘甜中有著鮮美，使得牛肉湯一點也不膩。

　　另一種燉牛肋骨則在鍋中加了馬鈴薯、青椒和蘿蔔等一起燉，雖然牛肉燉得也很入味軟爛，但是我覺得水煮牛肉較好吃。同樣鮑魚也感覺

不如廣東式的燉鮑美味。
不過白松的泡菜算是一級
美味，放在桌邊罐子裡的
泡菜，隨吃隨夾，醃漬過
的大白菜裡面加了蚵仔，
味道更加的鮮美，據說此

店泡菜發酵時間比其他小店都要久，因此不論蘿蔔或大白
菜，都極入味，同時又保留了蔬菜的清甜。

　　牛肉湯麵（韓國人稱的「先農湯」）也極為好喝，
淡白色的湯頭裡還有牛頸肉和膝軟骨。但不論何種湯或
麵，通常送上來的時候並未加鹽，食用時依各人喜好自己
調味，但就算不再加鹽，湯頭都一樣鮮美。另外紅燒魚和
銀杏、馬鈴薯及白蘿蔔一起煮，有點像中菜裡的紅燒魚，
裡面吸滿了魚和蔬菜鮮甜滋味的蘿蔔，必然是最好吃的。

　　白松這間店在首爾已有數十年的歷史，多年前
這裡是首爾菜販的批發市場，半夜裡，在市場工作的
人，都要到白松來喝一碗牛骨湯增加體力，因此白松
二十四小時都有營業。這個傳統一直保持到今天。因
此，在下雪的冬季，任何時候想喝碗熱湯，隨時走進
去都可以喝到熱呼呼的牛肉濃湯，真是過癮極了。

白松牛骨湯（首爾）
地址／韓國首爾鐘路區昌成洞 153-1
電話／ +82-2-736-3564
營業時間／二十四小時

一樂燒鵝 香港

　　香港人做的燒鵝、油雞、叉燒等港式燒臘，大街小巷到處都有，多半也不差，因為這些日常食物，如果沒有一個水準，根本混不下去，香港人大多懂吃也愛吃，日常小店一樣有講究。雖然各家味道都不錯，但我還是有特別偏愛的店家，地點就在中環巷內，距燒鵝名店「鏞記」只有一巷之隔，位置就在陸羽茶樓隔壁，但價格可是親民得多。

　　招牌燒鵝瀨粉是人氣第一選擇，剛出爐的燒鵝油光閃亮，明顯的看到醬紅色外皮下的脂肪已經烤到半融化，厚厚的鵝肉一半浸在瀨粉裡面，賞心悅目也令人食指大動。浸了湯汁的鵝皮依舊帶點脆香，多汁的鵝肉入味又鮮美。湯頭裡融著一些燒鵝浸泡過的陳皮與五香的氣味，雖然有點鹹但帶著鵝肉的鮮味，讓人忍不住一口接一口。廣東人熬湯頭並未受到日本拉麵影響，湯頭較為清爽。而軟中帶硬的瀨粉搭配重味的燒鵝，實在是天生絕配。

　　瀨粉鵝脾則是取燒鵝腿的部分，點餐時老闆會問你要不要切，當然不切啃起來較過癮，但是拿起浸了湯汁的腿肉大啃特啃，吃相不容易優雅喔，大家自己決定。腿肉部分雖然肉多，但喜歡啃骨的我，還是覺得帶骨的部分更為好吃。此外店裡的油雞和叉燒也都出名，我個人還喜歡

它的燒腩仔飯，風味真的都好地道。

一樂燒鵝店是香港的前輩作家韋基舜先生和香港理工大學李維新教授介紹給我的，從此每回到香港定要光顧一、兩回。有次到香港碰上颱風，當局一宣佈公司行號下午將要放假，我馬上衝到一樂切它半隻燒鵝，沒想到比我跑得更快的大有人在，但幸好我搶到最後那半隻，帶回旅館配著紅酒，聽它外面風狂雨驟，覺得自己好幸福。

事實上這裡也算是茶餐廳，早上就開始營業，燒鵝大約十一點才會出爐，我曾在店裡一邊喝茶吃三明治，一邊和老闆娘聊天等它出爐，搶到第一隻燒鵝，好像中大彩，真是太滿足了。不過這裡用餐時間人潮太多，要習慣併桌和小店較簡便的服務。

一樂燒鵝（香港）
地址／香港中環士丹利街 34-38 號地下
電話／ +852-2524-3882；+852-9279-2388
營業時間／平日為 07：30 ～ 21：00，週六、日為 09：00 ～ 17：30

生記粥品專家 香港

　　到香港上環生記吃粥，我一定搶頭香。因為搶頭香的好處是可以吃到很多最新鮮的海鮮，像是魚骨、魚皮。其實店裡粥品實在太多種了，雖然每回都想試不同的，但我吃最多的就是鮮鯇魚骨粥。新鮮的鯇魚連骨下粥，雖然骨頭多，但都是大骨，沒什麼問題，而骨邊肉可是最嫩的部位，從粥湯裡撈出來，就著蔥薑醬油，真是人間極品。

　　我不知道香港人一天要吃掉多少條鯇魚，但是滿街的粥麵小店，都在賣鯇魚。鯇魚肉質細嫩，滋味鮮甜，簡單燙一下就可以入口。如果早些去，有一早殺魚時剔下來的魚皮，汆燙過後鮮美極了，但是魚皮不耐久放，久了就會腥臊，也不能先燙好，再回鍋就硬掉了，所以只有一大早去的人才有得吃。

　　除了魚肉，這裡的豬內臟也都處理得非常乾淨鮮嫩，火候當然沒話說，我去過那麼多次，卻從來沒有吃到過熟過老的豬內臟。除此，牛肉滑潤鮮甜，配粥也剛好。有這麼多材料，如果什麼都想嚐一點，就可以吃雙拼或三拼，牆上的菜單分類很妙，不是魚類或肉類，是袖珍類、單拼類、雙拼類和三拼類。

　　粥品的湯底應該是用干貝、豬腱和大骨熬煮出來的，據一位廣東師傅說，煲粥一定要先用大火滾煮一段時

間，再轉文火慢熬數小時，因此才能將米煮到融化。粥是用喝的，不是黏稠式的吃法。生記一早上開店，一大鍋已沸騰融化的粥就在爐子上波波作響，當客人點了粥之後，才用一個小鍋，從大鍋裡舀出幾瓢粥，再加上配料，如魚片、魚肉、魚球、牛肉、豬腸、豬潤、豬肚等等各種材料，一碗一碗分開再燉煮一下。

不論是什麼粥，端到客人面前時，盛得滿滿的米湯和配料幾乎要潑出來了，很多人第一次吃都差點被燙到，但是不燙的粥就是不好喝。在狹小的座位上，大家就這麼一口接一口一邊啃著魚或肉，或再加上老油條，一邊唏哩呼嚕的把粥喝下去，廣東人一天的富足感，好像就從那一碗粥開始。

事實上生記粥品隔壁，也是同一老闆開的清湯牛腩麵店，有好的湯頭和新鮮的食材，當然肯定好吃，早上吃粥中午吃麵，每回到香港去，生記幾乎是我一定要報到的小店。

生記粥品專家（香港）
地址／香港上環畢街 7-9 號地下
電話 ／ +852-2541-1099
營業時間／ 06：30 ～ 21：00，週日及農曆三節公休

Katz's Deli 紐約

　　作家張北海是個老紐約，多年前他帶我去吃了紐約
百年老店 Katz's Deli 的三明治，這間猶太簡餐店，從此成
為我到紐約必定報到的一間小館。

　　店裡主要賣三明治，有很多不同的口味。我最愛吃
的就是燻牛肉三明治（Pastrami），在上下兩片簡單的裸
麥麵包（Rye Bread）中間，夾著無數片薄切的燻牛肉，
燻過的牛肉有點五香味道，用鹽醃過之後，再加大蒜、
丁香、馬郁蘭（Marjoram）等香料燻烤而成。此外牛胸
腺肉（Brisket）也很好吃，胸腺肉本身帶一點肥，但師
傅會把大部分的肥肉去掉，留下少數的油花，形成剛好
的肥瘦比例，吃起來不但不覺得膩，也因此不會太鹹。
店內還有叫座的鹹牛肉三明治（Corned Beef），也頗有
人氣。不過名為 Corned Beef（玉米牛肉）的鹹牛肉，

其實和玉米沒什麼關
係，據說是製作醃牛
肉時要以粗鹽塗抹在
牛肉上，因粗鹽類似
玉米粒而得名。

　　搭配三明治的酸
黃瓜很好吃，一整條

的酸黃瓜有淺漬和深漬，我喜歡淺漬的黃瓜。酸番茄則是用還帶青的番茄醃漬，這些醃菜師傅一給就一大把。另外如果想吃一點沙拉，Cole Slaw 是用簡單的高麗菜絲和胡蘿蔔絲加上特調的沙拉醬做的，很大一盆，但吃起來不膩口。此外，瑪索球雞湯（Chicken Matzo Ball Soup）也很特別。瑪索是一種未發酵的麵包，把瑪索磨碎後加上蛋和調味料，就成了瑪索球，放入雞湯裡便是最著名的猶太雞湯了，吸收了湯汁的瑪索球，口感有點像義大利的馬鈴薯球（Gnochi），形狀、大小都不一樣。另外還有炸薯條也很叫座，雖然炸得火候很好，酥脆不油，但同樣吃不了三口就要投降了。這裡最出名的飲料是一種香料汽水（Dr. Brown's Soda），在其他地方還不容易找到呢。

　　然而，不論哪種三明治，內餡豐富到牛肉好像不要錢似的，據說店內每週都要供應五千磅的鹹牛肉三明治。

除了現場用餐，也可以外賣，很多公司行號或個人辦派對，就直接來訂購。

　　店內座位不少，但還是建議錯開用餐時間，不然等上半小時以上是常有的事，也必須要和陌生人併桌。走進店裡，先取號碼點菜單，不論你點不點餐，每個人都要取一張，出門時做為結帳的依據。用餐時可自助點餐或坐下來由服務人員點餐，當然小費就不一樣。我喜歡自助式點餐，先塞一、兩塊錢小費給站在櫃檯後面的師傅，請他切幾種不同的牛肉給你試吃，吃了再決定要選哪一種。師傅常常一切就是數片，直接用手接過來塞進口裡，單是試吃就快吃飽了，但來這裡一定要體驗一下試吃這碼事，有趣又好玩。

　　這間一八八八年開始營業的 Katz's Deli，目前不但自己出版了食譜，也曾經出借給許多電影和影集當拍攝場景。最出名的就是電影《當哈利遇上莎莉》裡，那場由梅

格萊恩演的莎莉，假高潮的戲碼就是在這裡取景。店家甚至做了一個吊牌，標示出哈利就是在這角落遇到莎莉的。而另一整面牆上則貼滿了老闆和名人的合照，有相當多政治人物和大明星。

　　到這間在紐約下城生存了一百多年的傳統老店用餐，除了美味的三明治，也看到猶太文化在紐約的發展軌跡，更感受到紐約食物的豐富多元和庶民的部分。

Katz's Deli（紐約）
地址／205 East Houston Street, New York, NY 10002, U.S.A.
電話／＋1-212-254-2246
營業時間／週一到週三 08：00 ～ 22：45，週四 08：00 ～ 02：45，週五 08：00 ～整晚，週
　　　　　六全天，週日～ 22：45

Ristorante La Campana 羅馬

　　上一回去羅馬旅行，一下飛機就到前幾年去過的 La Campana 預訂了晚餐，幸好動作算快，這間成立於一五一八年的小館子，竟然高朋滿座，還接待起一兩大團的人。看那些人吃得挺熱鬧，邊喝酒邊說著音節很重的義大利文，不像一般觀光客，不知是不是美食團，但起碼他們吃飯不像我們都是「有機餐」（有相機有手機）。那幾群人比我們早進餐廳，喝了不少酒，我們吃完他們還在吃，很享受的樣子。

　　擠在這些人當中，我們分到了一張小桌子，坐得有些拘束。小館子爆棚，但是很開心味道依舊。多年前我迷戀它的松露麵，那回趕上松露產季的尾巴，行程中吃了好幾盤松露義大利麵，就屬這一家最地道，濃郁的松露味，混在橄欖油炒過的麵條裡，日後每想起那盤麵，松露的香氣就不知從哪兒升上來了。說起來吃那盤麵雖然不便宜，但還真的很划算，幾年來都不曾忘記那個味道，因此再度光臨羅馬，第一站就到那裡報到。

　　但那回松露沒了，好的館子不會用冷凍的松露或松露粉來取代，沒有就是沒有。我選擇了所謂的「窮人麵」（起司胡椒粗麵，Tonnarelli Cacio e PePe），窮人麵雖然剛好和富貴的松露麵看上去是兩極，但都是做法簡單的義

大利麵。

　　以起司和胡椒做的窮人麵發源於羅馬，每一
間餐廳用的麵條都不大一樣，有人喜歡用寬扁麵
（Tagliatelle），也有用粗圓型的手工麵條（Tonnarelli，
一種比 Spaghetti 還粗的圓麵條）。通常先將羅馬風味的
起司（Pecorino Romano cheese），刨成細屑，一半份量
放入平底鍋中，用橄欖油、胡椒和煮麵水拌炒，這種起司
有點鹹，不用再加鹽，然後再倒入煮熟的麵條，再次加上
另一半起司，起鍋後撒上一些切碎的西洋芹就可以了。

　　不論松露麵或窮人麵，做法一點也不麻煩，一是用松露，一是用起司，香味雖然不一樣，但重點是麵條都非常好吃。端到客人前面，紋路不整的粗麵條，煮到半軟硬的程度，在極短時間就吸進了味道，只不過拌炒兩三下，麵條就非常入味，不論製麵或煮麵，師傅功力都是一流。

　　其實愈簡單的東西往往就愈難做，不論是窮人麵或松露麵，只消幾下子，便知身手有沒有。這間小館子雖然歷史悠久，但連旅行團都開進來了，顯見是做出了大名，幸好它還維持著好的品質。

　　在羅馬旅行，除了這兩種麵，我還懷念著一種「妓女麵」（Pasta alla Puttanesca）。妓女麵這個名稱不雅的麵點，本來想當然耳的將它和台灣的酒家菜混為一談，認為都是酒家裡做給客人吃的。但義大利的妓女麵名稱

的由來是因為容易做，好上手、味道又豪放的意思。

妓女麵的材料主要是辣椒、鯷魚和番茄。將辣椒和大蒜爆炒後，加入番茄、橄欖和一些酸豆做成醬料，把Spaghetti或任一種扁麵煮熟再混合收汁入味。由於不論是主要食材或辛香料，味道都很重，鹹鹹酸酸再帶點辣，很容易稀哩呼嚕便吃下一大盤，不大會出錯，即使是初學者也能上手，所以就稱妓女麵。

然而後來再來羅馬，找了很多間餐館，卻都不見這一道妓女麵，不知道是流行過了，或是什麼原因。旅行時尋找美食要有運氣，只是不論是松露麵或窮人麵或即使是好上手的妓女麵，看來簡單，可是要十年工啊，能遇到好吃的麵，機緣可遇不可求啊。

Ristorante La Campana（羅馬）
地址／Vicolo della Campana, 18, 00186 Roma, Italy
電話／+39-6-687-5273
營業時間／12:30～15:00，19:30～23:00，週一公休

第六章
東市買鮮魚，西市買和牛

台北市濱江市場其實是四個市場的集合，台北市濱江蔬果市場（或稱第二市場）、五常街攤販集中市場、台北魚市、民族魚市，但一般民眾統稱「濱江市場」。雖然我常為了好奇和尋找不同的食材，到各處的市場、專賣店和漁港採購，但其中我最常去也是最主要的買菜地點，就是濱江市場。

　　濱江市場的中心是一個蔬果市場，半夜和清晨在樓上是批發市場，大約早上六、七點以後，一樓的蔬果市場開始提供零售。除了這一棟樓之外，外圍則有海鮮超市、魚市和各種海鮮攤擔和店舖，有的提供本港魚貨，有的專賣進口海產，要一條一條巷子裡去搜尋。

　　在果菜市場的外圍區域也有賣豬肉、雞肉、牛肉和各種肉類的攤子，另外當然也有賣豆類製品、火鍋類食材、熟食品、麵食等等。我雖然無法一一提供名單，但是這裡介紹的一些我常去的攤擔，可以說是我的濱江食材寶庫。

濱江市場（臺北農產運銷股份有限公司）
地址／台北市中山區民族東路 336 號五樓
電話／(02)2516-2519#5524
營業時間／蔬菜零批場 04:00 ～ 12:00；水果零批場 04:00 ～ 17:00；
　　　　　魚市場週一 09:00 ～ 17:00，週二到週日 07:00 ～ 19:00

光田製麵

　　我喜歡吃麵，為了找好吃的麵條常跑到各地市場探詢，尤其對那種當場製麵的麵店，有著極高的崇敬，但是眼看著常買麵的幾間製麵店，紛紛縮短營業時間或收攤，心裡一直有著失落。所幸這一間開業三十年的製麵店，生意興隆，店門口每天披掛著現做的麵條，五顏六色，繽紛熱鬧，讓人頗覺心安。

　　成立於一九八四年的光田製麵，並不是阿嬤級的老店，卻頗受不少愛麵族的青睞。主要是店家標榜麵條不添加任何防腐劑和人工添加物，所有濕麵條都是當天現做，至於乾麵條也是經過自然風乾。

濕麵部份，有陽春麵、拉麵、日式拉麵、油麵、無蛋意麵、寬麵、家常麵等等多種。乾燥麵部分，也有陽春麵、無蛋意麵、烏龍麵、白油麵、菠菜麵、紅麴

麵、金瓜麵、麵線（長壽麵）、日式細拉麵、番茄麵、全麥麵、蕎麥麵、光田麵、薑黃麵、香椿麵條、寬麵等多種。此外尚有水餃皮、餛飩皮、米粉、粄條、米苔目、涼麵、鍋貼、麵疙瘩。

麵條的口感相當好，有韌度但不是加了添加物的口感，水餃皮和餛飩皮也都是我常買的。麵皮並非特別薄，但是軟度適中，當天的皮不必沾水就可捏和，餃子下鍋點一次水就夠了。餛飩皮有大小之分，若嫌太厚，可以自己再加工。

光田製麵店的老闆娘長年茹素，也在大愛電視台教觀眾做素麵。因此研發了番茄麵、薑黃麵這一類適合素食者的營養麵條，同時也販售素版的 XO 醬，頗受歡迎。

光田製麵
地址／台北市中山區龍江路 370 巷 29 號一樓
電話／(02)2501-8276
營業時間／05：30 ～ 14：00，17：00 ～ 21：00

安安海鮮

　　在台北市濱江市場外的海鮮攤擔之中，我最常光顧的就是安安海鮮。安安海鮮主要賣的是生魚片，這裡的食材絕對新鮮，冬天有台灣海域的深海魚，其他時間也有各種不同季節的最當令肥美的魚種。

　　每天早上，一條條新鮮的海魚從市場標來之後，在這裡剖開處理。但是處理生魚片實在不是件簡單的事，除了食材要新鮮，處理過程中也一定馬虎不得。這攤擔前面賣的是做生魚片剩下的魚肉和魚頭魚骨，櫃子裡面放著一

盒盒不同魚種並已經處理好的生魚片，而上面冰櫃則放著一條條大塊的魚肉。

攤子後方站著一位美麗的小姐，當場幫客人現切現包。我常常在擁擠的人潮中看著她切生魚片，一段段不同種類顏色部位的魚肉，她已熟悉到能快速掌握魚肉的紋理，不必多想就可以一刀切下去絕不會錯，那種精準俐落，是許多壽司師傅都沒辦法做到的。

這位切生魚片的小姐姓陳，她每天在三、四點就到魚市選貨，然後回家準備喊女兒起床，再趕到市場開始忙碌的一天。一早七點多她已光鮮亮麗地站在攤子前面，備妥切生魚片的刀具，客人也陸續開始上門。陳小姐的父親和兄弟負責殺魚，母親幫忙包裝和收錢找錢，週末假日老公有空也會過來幫忙，她就負責處理切片和販賣的工作。

陳小姐做事永遠不疾不徐，養成了非常細膩的習慣動作，一段生魚片取出，切下選取的部分秤重切片裝盒，其它的立刻要再送回冰櫃保持溫度。而且她摸魚肉的手絕

不碰其他東西，每隔幾分鐘，要清洗一次刀具砧板和抹布。在她工作檯的背後，放著成疊乾淨的白抹布，一塊用過換上一塊，不論排隊的人龍多長，不論客人抱怨排隊排了多久，絕不會省略該有的清潔程序。

她總是心平氣和地選魚切魚，我從不曾聽到她和市場裡一些大嬸那樣大聲說話，甚至也不曾看到她生氣或對不上道的客人擺臉色，偶爾有熟悉的老顧客和她打招呼，她才會抬起頭來問候一聲說說話。通常一開始工作就幾乎沒有休息的時間，二十多年來一週六天，日復一日的做著同樣的工作，生活裡只有旗魚鮪魚紅魽青魽的分別，每週只有市場公休的那天可以放假。尤其年節時間，從早到晚，那隻手我相信一定已經痛到舉不起來，不要說她沒有時間吃飯，恐怕連上廁所時間都壓縮到最短。但是每回年初二一早，整個市場都空盪盪，卻看到一條人龍從她的攤子蜿蜒穿越而出。我幾乎沒有什麼機會和她多聊天，但是如果問她為什麼大年初二不休假還要開店，她一定會告訴你，魚生無法貯存，必須現買現吃，客人有需求，她就盡量做到。

對於像陳小姐這樣勤奮的工作者，我不知道是不是剛好見證了台灣經濟奇蹟上的一個例證，我心疼她肩頸手腕和膝蓋一定長期痠疼，我們這樣親愛的婦女同胞，在髒亂嘈雜的市場環境裡，如此默默地打拚著，也許她是為了賺更多的錢，但你一定感受得到她對這份工作的誠心。長久以來，做為她的顧客，我是被感動著。

安安海鮮
地址／台北市中山區民族東路 410 巷 29 號（濱江果菜市場一樓）
電話／0917-556-265
營業時間／週二到週五為 07：30 ～ 14：00，週六、日為 07：30 ～ 17：00，週一公休

葉大鵬蔬菜攤

　　在這個果菜市場裡，琳瑯滿目的蔬果一攤又一攤，要能做出獨特性不是件容易的事。但是葉大鵬蔬菜舖子，卻是我每週都會光顧的菜攤，主要是那裡賣了許多在西式料理或東南亞料理中新鮮的蔬菜和香料，例如朝鮮薊、櫛瓜、泰式小茄子、白蘆筍、紅卷鬚生菜、綠卷鬚生菜、油菜花、小馬鈴薯、蕪菁、蘿蔔嬰、不同種的豌豆嬰，或是荷蘭芹、迷迭香、時蘿、鼠尾草、奧力岡、保羅蔥、香茅等等香草。

　　事實上蔬菜攤子實在很難經營，貨品的種類多，來源各自不同。尤其這裡賣了很多其它菜攤少見的蔬菜，單是洋蔥就有黃色、白色、紅色和小洋蔥，甜椒也是黃的、紅的、淺綠的、橘色的或有時還看到紫色的，要依據客人的需求訂貨，蔬菜又不能久放，管理上、整理上都是麻煩。

　　但這對夫妻和所有市場的攤販都一樣，早上三點左右就要起床批貨，然後回到市場整理一箱又一箱笨重的蔬菜。老闆娘圓圓的臉上掛著一副眼鏡，問她搬那些貨重不重，她說早就習慣了。她賣菜已經二十多年，最早是幫忙做筊白筍批發生意的父母分勞，身為家中大姐，她很自然地擔起了這個責任。婚後她將原本做童裝生意的老公也

拖來一起賣菜，他們開設
了自己的蔬菜攤子，最初
賣的是一般的蔬菜，但是
後來因為一位烹飪老師的
關係，為了幫忙老師費心
去找一些西式料理用的食
材，開拓了另一個不一樣
的貨源，漸漸地轉型成為
專賣異國料理用的食材。
林小姐和葉先生都非常用
功，自己找書來研究這些

以往不熟悉的食材，後來台北許多知名的日本料理和西餐
業者，都成了他們的客戶。

　　阿美和老公每天中午攤子收拾好之後，還要忙著送
貨去一些餐廳，傍晚接了孩子放學回家，晚上還要聽電
話接第二天的訂單，只有週日晚上全家人可以有些娛樂
活動。他們說最大的娛樂就是全家一起去拜訪客戶的餐
廳，快樂地大吃一頓，看看自己賣的菜在餐桌上變成什
麼樣子。

葉大鵬蔬菜攤
地址／濱江果菜市場攤位 24-06
　　　（此為二○一四年至二○一六年之攤號，每隔兩年會變更攤位）
電話／(02)2502-6216
營業時間／09：00 ～ 13：00，週一公休

上引水產

　　上引水產因為在賣場裡開始做站著吃的壽司，而名聲大噪，事實上它的背後有著更出名的三井日本料理餐廳。不過這裡要介紹的是它的海鮮市場，以日本進口的活海鮮為主的海鮮超市。

　　位於民族漁市的上引海鮮超市，有兩個大的入口處，從左邊進去的，大都是餐廳和批發商以及觀光客，右邊則是要進餐廳吃飯和買菜的散客。重點是左邊的活海鮮水族櫃，裡面依季節有不同的生猛海鮮，一些是日本空運來台的蟹類，常見的有北海道鱈場蟹、蜘蛛蟹、花蟹等等，也有北美洲或南美的有殼類海鮮，如大鮑魚、螃蟹和台灣本地的活龍蝦等等。這些活的大隻有殼類，都養在大型

的水族櫃裡，客人看上了請工作人員撈起秤重、包裝。

水族櫃的周邊，有很多大型的海魚，體積都不小，價格也很驚人，但品質不差，大多是高檔餐廳來選購。另一邊的冰櫃則放著許多稀有的海鮮，如鱈魚精巢、馬糞海膽、大顆的新鮮干貝、胭脂蝦、劍蝦、大明蝦、帶籽的角蝦等等。

超市的右邊除了中間的餐廳區，販售日本料理店常用的各種配菜和配料，如青菜、水果、調味料或壽司米、烏龍麵、豆皮、切好的盒裝生魚片，甚至包括牛排和大塊牛肉

等等。大致說來品質都不錯，更大的好處是，它的營業時間和市場不同步，下午和週一也都開店，方便了很多要補貨的客人。

上引水產
地址／台北市中山區民族東路 410 巷 2 弄 18 號
電話／(02)2508-1268
營業時間／06：00 ～ 00：00

花東野土雞

　　不到十秒鐘，她就剝下一個雞胸肉，漂亮地分離了雞骨與雞胸，再三、兩下，將一隻大雞腿去骨後，只留下最前端的那一小段腿關節，神乎其技的，一隻肉質肥厚的雞腿被攤平開來，露出鮮明的肌里筋絡，看得出是一片鮮嫩多汁的腿肉。

　　這是在市場賣現宰花東土雞的黃小姐，每天在市場雞肉舖子的工作，我們一直笑說要介紹她去電視上表演，一定可以放送到衛星上，給那些只吃雞肉不吃雞骨的洋老外見識一下。

　　個頭瘦瘦小小的黃小姐拿著剁刀身手俐落，黃小姐說從前哪裡會剁雞，不也和大多數人一樣，是嬌滴滴的上班族，嫁到經營賣雞事業的婆家後，逢年過節人手不足，先生哄她到攤子上幫忙接電話、記記帳，後來看著大家忙不過來，只

好自己也動起手來，她說：「我就這樣被騙來市場賣雞啦。」

黃小姐說這話乍聽像是埋怨，但卻充滿著驕傲，如果不是能吃苦耐勞，禁得起磨練，怎麼可能站在攤子的第一線賣雞呢？確實，這裡是台北市農產品批發市場之一，餐廳業者、小市場攤商或一般家庭，都會到這裡來批發或零買，我向她買雞也有幾年的時間，看得出她個性好強，聰明能幹，一邊剁雞還能和客人聊天建交情。除年節時段，因為過於忙碌，不處理細部，其他時候雞腿雞胸可以各自分開處理，我常看到她好脾氣地忍耐挑剔的歐巴桑或鄉音濃重的老阿伯東問西問，但她手上從來沒有停過。

這裡的雞肉真是鮮甜，以前舖子裡面，站著一籠一籠的活雞，台灣人愛吃現宰的雞鴨，尤其拜拜的時候，要整隻大公雞，因此傳統市場裡大都養著活雞。但是隨著時代改變，對於當場宰殺活雞，文明的客人愈來愈不能接受，尤其在處理過程中，容易造成污水和雞鴨的穢物，衛生上更是一大問題。因此自二〇一二年之後，台北市傳統市場不再賣現宰的家禽，攤子上就只有一隻隻被去了毛已處理乾淨的雞隻。

雞隻有全土雞，有半土雞，有飼料雞，也有水果

雞、玉米雞等等，全雞也分公雞和母雞。黃小姐對自己賣的雞肉品質有信心，對於自己身為一個雞販從容自在，她認真工作，誠懇細心地用最好的技術與最快的速度，給客人提供服務。

　　每逢年節，數不清有多少隻雞在她手上處理，但年復一年，她做著同樣的工作。她的願望就和一般人一樣，隔陣子換個髮型、買幾樣化妝品塗抹一番，讓自己開心一下，休假期間和家人出國去玩玩，度假回來再穿上圍裙夾起頭髮認真工作，賣雞就是賣雞，真真實實的人生。

花東野土雞
地址／台北市中山區龍江路 370 巷 48-1 號
電話／(02)2503-7003（日），(02)2509-4285（夜）；
　　　0928-821-675，0928-515-795
營業時間／05：00 ～ 12：00，週一公休

基隆濱海岸海鮮

　　在市場裡，我最喜歡到這一攤擔買海魚。雖然它的
海鮮可能是市場裡最貴的一攤，但是在試了其他家不夠新
鮮漂亮的海鮮之後，這一攤是我較為信任的魚販。

　　主持攤子的老闆娘我們喊她素卿，她的攤子上每天
擺著全市場最漂亮的魚。有些擁有漁船的攤販會告訴我
們，基隆海鮮的魚都是從我們這裡拿的，但是基隆海鮮賣
的魚卻永遠是最好的魚，選魚的眼光可是很精準。

尤其已經被素
卿挑過一次，因此我
每回都很放心地在這
裡買魚。我也常碰見
一些海鮮店或日本料
理店的主廚來此，大
家摩肩接踵地在攤子
前面東挑西揀，選好
了請站在水槽前的師
傅處理，打鱗、取內
臟、沖洗，殺一隻魚
大約一、兩分鐘。說
實在，處理魚和選魚

一樣重要，很怕有些攤販為搶快，用水注猛沖，結果好好的一條魚煮的時候變棉花了。但這裡的師傅手腳夠快也夠細，漂漂亮亮的一隻魚讓你帶回家。

魚的種類依季節不同，有很多選擇，我常買的馬頭、皇帝斑、石狗公比較不分季節，許多的魚我也叫不出名字，有時問老闆娘，有時自己拿著一本書比對。這裡偶有特別名貴的魚，像是龍膽石斑、鮁鱇魚、胭脂蝦、角蝦、九孔、龍蝦、澎湖生蠔等等，也有冷凍的新鮮干貝、海膽、鮭魚子等等，更有少見的鮮活的軟絲。軟絲通常很難在被捕撈之後還能存活，但有時碰上皮色泛銀，用手一碰還會變色的活軟絲，這種軟絲仔細處理後做生魚片實是最鮮甜。

另外午魚、肉魚、紅新娘、海瓜子、文蛤這些常見的海產，品質都很穩定，只是價錢就是比其他攤擔貴出不少，就看你要不要。當然，如果不是一定要選什麼魚，在週日中午要收攤之時，比較可能搶到好價錢嘍。

基隆濱海岸海鮮
地址／台北市中山區民族東路 410 巷 33 號
電話／(02)2501-7111；0930-300-443（陳先生）
營業時間／06:00 ～ 13:30，週一公休

濱江剝骨鵝肉

　　這一攤的鵝肉愈吃愈有味道。剛開始買它的時候，只覺得肉好嫩好細，後來朋友教我將鵝翅和鵝掌（未去骨的爪子）切段，再用店家附的醬汁醃一下，發現它更加的滋潤，啃起來真是美妙無窮。

　　濱江剝骨鵝肉原在濱江市場的左側前段，二〇一三年搬遷至靠五常街的後段，全家便利商店斜對面。這裡的鵝肉有原味和煙燻兩種，切成一盒一盒的，還有鵝翅和鵝掌，另外尚有鵝腸、鵝胗和鵝肝，也有滷筍。據老闆娘說，他們選用的鵝來自台南官田，因為官田鵝的脖子比較短，所以秤起來較划算，而且官田鵝肉白，賣相特別好。通常一隻鵝都養到一百零五天左右，老闆娘也老實說，這些鵝隻幼期會施打抗生素，但成長期就絕不再注射，和

有些快速養成的鵝比較起來相對的健康。

每一隻鵝經過處理後，放入鹽水中煮滾至熟，絕對不加其他的化學調味料，所以吃起來不會讓人口渴，鵝肉去頭尾和翅膀及爪子之後，去骨切成片，但雖然說是剝骨鵝肉，不過只去掉大部分的骨，還是

留下一些細骨，因為若是那些細骨再去掉，鵝肉就會不成形了。一隻鵝大約裝成四盒，另外鵝胗一副一副分開賣，鵝肝和鵝心則連在一起三副一起賣，鵝腸未煮熟，須自己回去燙熟，但會附醬汁，此外還有豬肝，也非常軟嫩。

鵝肝雖已煮熟，但我常買鵝肝回來再加工，有時加點白酒醃過後再煎一下，配上果醬一起食用，和法式鵝肝醬有點異曲同工的風味，價格可是差了好多個零。此外店家尚有純鵝油和自己爆的油蔥酥，拌麵拌青菜是極品。

舖子上客人都會隨手買一包滷筍，老闆娘說是用埔里的嫩筍浸到鵝高湯裡去滷過的，細嫩爽口，一點也不油。通常一次買多了或是熟客，店家會自動送上剝下來的鵝骨和煮過鵝的高湯，只是高湯因為滷過鵝

肉非常鹹，一次只能取少許對水，但可以冰在凍庫裡，慢慢使用。

濱江剝骨鵝肉店雖然賣的鵝肉好吃，不過老闆娘的大脾氣也頗知名，如果問她一些白目的問題會被打槍，或是只買大數量的某個部位，她也會不開心的說，那麼其他客人怎麼辦？不過她有時自己也會嘲笑自己，態度要改正。不過東西好吃又衛生，其他就閃著點啦。

濱江剝骨鵝肉
地址／台北市中山區龍江路 342 巷 53 號
電話／(02)2504-0307；(02)2504-5457；0910-005-145
營業時間／07：00 ～ 12：00，週一公休

御鼎屋（信功肉品專賣店）

　　台灣人吃的肉品裡，以豬肉為最主要的項目，雖然每個市場都有賣豬肉，但是豬肉的問題多，要吃安心豬肉得花點工夫去找。我常到數間不同的肉店買豬肉，但最主要的選購門市當屬位在台北市天母區的「御鼎屋」。

　　御鼎屋是信功肉品商在台北的專賣店，以銷售處理過的生鮮豬肉為主，近年也販售有機蔬菜和海鮮等等。這間豬肉小舖子的背後──信功肉品，其實是台灣最早通過CAS台灣優良農產品協會認證的豬肉商之一，產銷規模及數量都頗大，也外銷日本、新加坡和中國，有不少媒體報導過。這裡的肉類商品，都來自CAS或HACCP嚴格認證的加工廠，據說為了要求品質，甚至從圈養的牧場就開始把關，是最早附有生產履歷的畜牧業者。不但飼養豬隻的生長環境相當講究，嚴密監控豬隻的健康，同時包含運送過程及條件等細節，也絕對符合衛生流程。

我常去光顧，除了認為這裡的豬肉衛生安心，同時也覺得豬肉好吃。不論是大塊的三層肉、梅花肉、大肋排、里肌、排骨、蹄膀、豬腳和豬內臟都好，同時還有不少半成品和熟食，如香腸、培根等等，香腸裡面，我推荐帶骨的香腸，水煮、蒸烤都方便，拿來做便當菜最省事。

目前信功肉品除了御鼎屋，也在不少超市有專櫃，並和一些有機業者的供貨商合作，如永豐餘生技，在購物網站或自家的網站上都有販賣，不過我是習慣直接到店裡採購，比較方便選擇想要的處理方式。

御鼎屋（信功肉品專賣店）
地址／台北市士林區中山北路六段 711 號
電話／(02)2871-8155
傳真／(02)2871-7421
營業時間／09:00 ～ 19:30

泰勒肉舖

　　通常做中式的牛肉，我就到傳統市場買台灣牛肉，但是想吃牛排、牛舌這一類西式餐點，就選擇買進口牛肉，其中我去過最高檔的一間牛肉舖，是在台北市的泰勒肉舖。

　　泰勒肉舖的老闆孫成忠原在大飯店當主廚，累積數十年的處理牛排的經驗，後來自己創業，開了這間專賣進口高級牛排的肉舖子。店內的牛排分產地和級別，全都標示清楚。以美國牛肉和澳洲生產的日本和牛為主，其中有不少特別的牛種。像是 9+ 級的日本全血黑毛牛和全血黑毛神戶帶骨肋眼，雖然產地是澳洲，但全血是代表血統與日本和牛血統百分之百相近，並附有血統證明書，或是美國奶飼小牛背排（四到五個月大）。

　　和牛油花多，肉質軟嫩，油花的分佈位置和比例，使得牛肉好吃或太膩，會有很大的差別，但是在泰勒肉舖，你可以就吃法和老闆討論，摸了

數十年牛肉的老闆，對牛肉的性質和各部位都瞭若指掌，可以分析各種牛肉的特質和做法。我個人是喜歡吃美國牛，選一塊安格斯肋眼Prime牛排，肋眼眉和肋眼心的比例要剛好，用來炭烤或乾煎最好吃。此外它的牛舌也好吃得不可思議，切薄片快速煎一下，沾一點鹽和胡椒，完全不腥氣，真是又鮮又甜。

　　泰勒肉舖除了牛肉，也有羊排和部分海鮮，如大干貝和明蝦等等。雖然這裡主要是販賣肉品，但為了提供試吃服務和烹調教學，也可在現場享用，只是這裡沒有服務生，也沒有另外的廚師，全由老闆自己來。牛排現煎現吃最好，本就不需要太多的額外服務。

泰勒肉舖
地址／台北市中山區長安東路二段 234 號
電話／(02)2777-5337
營業時間／10:30 ～ 21:00，每月第一、第三週的週一公休

店名	性質	地址	電話	營業時間	頁碼
A					
37 豆子甜品	甜點	台中市北區一中街 20 號	0986-818-598	11:00 ～ 22:30	131
Caffe' Mio 我的咖啡	咖啡店	台北市松山區八德路四段 245 巷 52 弄 29 號一樓	(02)2765-3723	週二到週六 11:30 ～ 21:00 週日 11:30 ～ 17:00 週一公休	025
Chez l'Ami Louis （巴黎）	法式	32 Rue du Vertbois, 75003 Paris, France	33-1-48-877748	12:00 ～ 14:00 19:30 ～ 23:00	164
Fika Fika Café	咖啡店	台北市中山區伊通街 33 號一樓	(02)2507-0633	平日 08:00 ～ 21:00 週六、日 10:00 ～ 21:00	015
K2 小蝸牛廚房	義式	台中市文心路二段 213 號二樓	(04)2251-8862	11:30 ～ 22:00 下午茶時段 部分餐點不供應	135
Katz's Deli （紐約）	美式	205 East Houston Street, New York, NY 10002, U.S.A.	1-212-245-2246	週一到週三 08:00 ～ 22:45 週四 08:00 ～ 02:45 週五 08:00 ～整晚 週六全天 週日～ 22:45	184
Le Moût 樂沐 法式餐廳	法式	台中市西區存中街 59 號	(04)2375-3002	11:30 ～ 15:00 18:00 ～ 22:00 週一公休	141
MY 灶	台菜	台北市中山區松江路 100 巷 9 號之 1	(02)2522-2697	11:30 ～ 14:00 17:30 ～ 21:00 週一公休	068
Ristorante La Campana（羅馬）	義大利	Vicolo della Campana, 18, 00186 Roma, Italy	39-6-687-5273	12:30 ～ 15:00 19:30 ～ 23:00 週一公休	188
Taj 泰姬 印度餐廳	印度	台北市大安區市民大道四段 48 巷 1 號	(02)8773-0175	12:00 ～ 14:30 17:30 ～ 22:00	036
Whiple House	創意輕食	台北市大安區復興南路一段 219 巷 10 號	(02)2775-1627	12:00 ～ 22:00	043
すきやばし次郎 （東京）	壽司	日本国東京都中央区銀座 4-2-15	81-3-3535-3600	平日 11:30 ～ 14:00 17:30 ～ 20:30 週六 11:30 ～ 14:00 週日及國定假日公休	164
てつわん鉄之腕 和風鐵板料理	和風創意	台北市中山區松江路 77 巷 12 號	(02)2518-2295	平日 11:30 ～ 14:00 18:00 ～ 22:30 週六 18:00 ～ 22:30 週日公休	059
一劃					
一香飲食店	家常小吃	宜蘭市康樂路 137 巷 7 號	(03)932-3289	05:30 ～ 17:30	114
一樂燒鵝 （香港）	廣式粥麵	香港中環士丹利街 34-38 號地下	852-2524-3882 852-9279-2388	平日 07:30 ～ 21:00 週六、日 09:00 ～ 17:30	180

乙旺魯麵	小吃	台南關廟菜市場	(06)596-3234 0932-770-883	06：00～13：00 每月第二、第四週的週 二及第一個週日公休	153
三劃					
上引水產	食材採買	台北市中山區民族東路 410 巷 2 弄 18 號	(02)2508-1268	06：00～00：00	204
口口香小吃店	湘菜	台北市北投區振華街 10 號	(02)2827-5872	11：30～14：00 17：30～20：30 週一公休	016
大理街排骨麵	小吃	台北市萬華區大理街 93 號	(02)2336-2868	02：00～16：30	089
大嗑西式餐館	義法	台北市中正區濟南路二段 18-3 號	(02)2394-8810	11：30～14：30 17：30～22：00 週一公休	076
大溪漁港 廟口海產店	台式海鮮	宜蘭縣頭城鎮濱海路五段 212 號	(03)978-2038	11：00～19：30 每月第二、第四週的 週二公休	111
子元壽司・割烹	日本料理	台北市松山區民生東路三段 113 巷 7 弄 7 號	(02)2713-1233	11：00～14：00 17：30～22：00 週日公休	022
小江日本料理	台式 日本料理	台北市中山區合江街 69 之 3 號	(02)2515-0236	17：00～22：00 週一公休	057
小酌之家小吃店	小吃	台北市中山區吉林路 420 號	(02)2511-2089	11：00～21：00 週日公休	015
小張龜山島	台式海鮮	台北市中山區遼寧街 73 號	0927-808-693	16：30～01：00	061
四劃					
五福小館	粵菜	新北市新店區中華路 32 號	(02)2918-0586	11：30～14：00 17：30～21：00	099
日本食堂 （東京）	和風洋食	日本国東京都千代田区 丸の内 1-9-1	81-3-3214-5120	07：00～22：30	165
牛店	麵點	台北市萬華區昆明街 91 號	(02)2389-5577	11：00～21：00 週一公休	091
五劃					
兄弟食堂	台式海鮮	新北市金山區金包里街 2 號	(02)2498-6458	11：00～21：30	094
四海居	家常小吃	宜蘭市康樂路 137 巷 9 號	(03)936-8098	09：00～16：00 隔週週一公休	110
生記粥品專家 （香港）	廣式粥麵	香港上環畢街 7-9 號地下	852-2541-1099	06：30～21：00 週日及農曆三節公休	182
白松牛骨湯 （首爾）	韓國	韓國首爾鐘路區昌成洞 153-1	82-2-736-3564	二十四小時	178
六劃					
光田製麵	食材採買	台北市中山區龍江路 370 巷 29 號一樓	(02)2501-8276	05：30～14：00 17：00～21：00	196
匠壽司	壽司	台北市中山區建國北路 一段 68 號	(02)2508-0904	11：30～14：00 17：30～21：00	066

吉林川客小館	川湘客家	台北市中山區吉林路 368 號	(02)2596-8138 0919-211-369	12:00 ～ 14:00 17:00 ～ 21:00 週一公休	063
安安海鮮	食材採買	台北市中山區民族東路 410 巷 29 號	0917-556-265	週二到週五 07:30 ～ 14:00 週六、日 07:30 ～ 17:00 週一公休	198
老上海菜館	江浙麵點	台北市大安區仁愛路四段 300 巷 9 弄 4 號	(02)2705-1161	11:30 ～ 13:00 17:00 ～ 20:00	031
老舅的家鄉味	東北	台中市中區自由路二段 80 號 （台中店） 台北市松山區復興北路 307 號 （台北店）	(04)2223-3878 (02)2718-1122	11:30 ～ 14:00 17:00 ～ 22:00	138
老麵店	小吃	台北市中正區迪化街二段 215 號之 8	(02)2598-1388	09:00 ～ 19:00 週日公休	080
七劃					
沁園春	江浙	台中市中區中正路 71 號	(04)2220-0735	11:00 ～ 21:00	130
八劃					
京和食 かもめ（鷗） （京都）	日本料理	日本国京都府京都市中京区 油小路通二条上ル薬屋町 603	81-75-255-4030	17:00 ～ 22:00 每週二及每月的第一 個週三公休（要預約）	171
京都祇園う（木桶） 鰻魚飯（京都）	鰻魚飯	日本国京都府京都市東山区 祇園西花見小路四条下ル	81-75-551-9966	11:30 ～ 14:00 17:00 ～ 21:00 週一公休	176
佳美麵包	烘焙	雲林縣二崙鄉中山路 108 號 雲林縣二崙鄉油車村文化路 149 號	(05)598-2525 (05)598-9376 （宅配專線）	08:30 ～ 22:00 週日公休	145
周家豆漿店	早餐	基隆市中正區信二路 309 號	(02)2425-9988	04:30 ～ 13:00 週一公休	120
東雅小廚	江浙	台北市大安區濟南路三段 7-1 號一樓	(02)2773-6799	11:30 ～ 14:00 17:30 ～ 21:00 僅農曆年節公休	034
芝山園	台菜	台北市士林區至誠路二段 120 巷 1 號	(02)2836-2210	11:00 ～ 14:00 17:00 ～ 20:00	020
花東野土雞	食材採買	台北市中山區龍江路 370 巷 48-1 號	(02)2503-7003 （日） (02)2509-4285 （夜） 0928-821-675 0928-515-795	05:00 ～ 12:00 週一公休	206
金時良房	甜點	台北市中山區松江路 77 巷 6 號一樓	(02)2508-1128	11:00 ～ 14:00 17:00 ～ 20:30 週日公休	015
阿生小館	台菜	新北市永和區文化路 97 號	(02)2928-0347	11:00 ～ 14:00 17:00 ～ 20:30 週一公休	104
阿國鵝肉	台菜	台南市南區育南街 27 號	(06)291-2998	16:00 ～ 01:00 僅農曆除夕初一公休	156

阿薩姆 現代流行餐飲	台菜熱炒	台北市士林區德行西路 87 號	(02)2832-9065	11:00～14:30 17:00～21:30 週一公休	018
九劃					
姚雞庄	台式烤雞	宜蘭縣礁溪鄉中山路 二段 158 號	(03)988-1265	07:00～18:00 週一公休	110
柳州螺螄粉	廣西	台北市萬華區艋舺大道 200 號 （萬華店） 新北市中和區景平路 738 號 （中和景平分店）	(02)2306-1636 (02)2247-5707	11:00～21:00	086
紅辣椒川菜	四川	新北市板橋區民權路 180 號	(02)2966-8622	11:30～14:00 17:00～22:00 週一公休	101
十劃					
泰美泰國原始料理	泰北	台北市大安區東豐街 34 號	(02)2784-0303	11:00～19:30 每月第二、第四週的 週二公休	046
泰勒肉舖	食材採買	台北市中山區長安東路 二段 234 號	(02)2777-5337	11:00～14:30 17:30～21:30	217
烏龍伯七堵咖哩麵	小吃	基隆市七堵區開元路 62 號	(02)2456-9281	06:00～18:00	122
十一劃					
基隆濱海岸海鮮	食材採買	台北市中山區民族東路 410 巷 33 號	(02)2501-7111 0930-300-443 （陳先生）	06:00～13:30 週一公休	209
常夜燈	日本料理	台北市大安區濟南路三段 58 號	(02)2781-0887	18:00～00:00 （要預約）	051
康師傅海鮮	台式海鮮	基隆市仁愛區精一路 40 號	(02)2424-3526	17:00～21:00 週一公休	117
御鼎屋 （信功肉品專賣店）	食材採買	台北市士林區中山北路 六段 711 號	(02)2871-8155	09:00～19:30	215
十三劃					
塞子小酒館	法式	台北市信義區嘉興街 129 號	(02)2732-9987	週三到週日 12:00～14:00 18:00～00:00 週一、週二公休	028
慈聖宮廟前小吃	小吃	台北市大同區保安街 49 巷 17 號	(02)2498-6458	約 09:00～16:00 （每一攤時間不一 樣）	015
新真珍餐廳	客家	屏東縣高樹鄉高樹村高華商場 42 號	(08)796-2229	10:00～20:00	158
新橫濱拉麵博物館 （橫濱）	日式拉麵	日本国横浜市港北区新横浜 2-14-21	81-45-471-0503	平日 11:00～21:30 週六 10:30～21:30 週日 10:30～22:00	168

葉大鵬蔬菜攤	食材採買	濱江果菜市場攤位 24-06	(02)2502-6216	09:00～13:00 週一公休	202
道頓堀今井本店 （大阪）	日式料理	日本国大阪府大阪市中央区 道頓堀 1-7-22	81-6-6211-0319	11:00～21:30 週三公休	174
十四劃					
福州麵店	小吃	台北市大同區重慶北路三段 236 巷 44 弄 2 號一樓	0982-075-573	05:30～11:20 每月第二、第四週 的週一公休	074
福君飯店御珍軒	粵菜	台北市大同區重慶北路 一段 62 號二樓	(02)2552-1787	11:30～14:00 17:30～21:00	071
福皇宴港式小館	粵菜	台北市大安區四維路 206 號	(02)2704-8475	10:00～14:00 17:30～21:00	048
福泰飯桌	台式	台南市中西區民族路 二段 240 號	(06)228-6833	07:00～14:00 週一公休	154
翠滿園餐廳	潮粵	台北市大安區延吉街 272 號一樓	(02)2708-6850	12:00～14:00 17:00～21:00	039
艋舺阿龍炒飯／ 麵專門店	台式麵飯	台北市萬華區西園路 一段 230 號	0987-887-440	11:30～14:30 17:00～20:00 週日公休	083
蜜桃香楊桃冰	甜點	台南市中西區青年路 71 號	(06)228-4228	09:30～21:30	153
十五劃					
劉家楊桃冰	甜點	台南市東區北門路一段 36 號	(06)225-1887	10:00～22:00	153
廣東客家小館	客家	台北市中山區華陰街 27 號	(02)2562-6658	11:30～14:00 17:30～21:00 週一公休	054
十七劃					
濱江市場 （臺北農產運銷股份 有限公司）	食材採買	台北市中山區民族東路 336 號五樓	(02)2516-2519 #5524	蔬菜零批場 04:00～12:00 水果零批場 04:00～17:00 魚市場週一 09:00～12:00 週二到週日 07:00～19:00	194
濱江剝骨鵝肉	食材採買	台北市中山區龍江路 342 巷 53 號	(02)2504-0307 (02)2504-5457 0910-005-145	07:00～12:00 週一公休	212
濱松屋	日本料理	台北市中山區林森北路 119 巷 22 號	(02)2567-5705	11:30～14:00 17:30～22:00	015
二十二劃					
蘆洲鵝媽媽 鵝肉小吃店	小吃	新北市蘆洲區中山二路 16-1 號	0928-555-232	11:30～20:00 售完為止	096

國家圖書館出版品預行編目資料

行走的美味 / 王宣一作. -- 初版. -- 臺北市：
皇冠，2014.04
　　面；　公分. -- (皇冠叢書；第4386種)(Party
；76)
ISBN 978-957-33-3072-1(平裝)

1.餐廳 2.餐飲業 3.臺灣

483.8　　　　　　　　　　　103005349

皇冠叢書第4386種
PARTY 76
行走的美味

作　　者—王宣一
發 行 人—平雲
出版發行—皇冠文化出版有限公司
　　　　　台北市敦化北路120巷50號
　　　　　電話◎ 02-27168888
　　　　　郵撥帳號◎ 15261516號
　　　　　皇冠出版社(香港)有限公司
　　　　　香港上環文咸東街50號寶恒商業中心
　　　　　23樓2301-3室
　　　　　電話◎ 2529-1778　傳真◎ 2527-0904
責任主編—龔橞甄
美術設計—程郁婷
校對協力—莊展信 · 董雲霞
著作完成日期— 2014年01月
初版一刷日期— 2014年04月
初版四刷日期— 2016年06月
法律顧問—王惠光律師
有著作權 · 翻印必究
如有破損或裝訂錯誤，請寄回本社更換
讀者服務傳真專線◎ 02-27150507
電腦編號◎ 408076
ISBN ◎ 978-957-33-3072-1
Printed in Taiwan
本書定價◎新台幣360元 / 港幣120元

●皇冠讀樂網：www.crown.com.tw
●皇冠 Facebook：www.facebook/crownbook
●小王子的編輯夢：crownbook.pixnet.net/blog